Nervensägen im Griff

Meike Müller

Nervensägen im Griff

Erfolgreicher Umgang mit schwierigen Menschen

berufsstrategie

Eichborn

Die Autorin
Meike Müller ist Geschäftsführerin des Trainingsinstituts »Quarta – Netzwerk für Berufskommunikation« in Berlin. Sie arbeitet als Kommunikationstrainerin, Coach und freie Journalistin. Im Eichborn Verlag sind bereits erschienen: *Killerphrasen ... und wie Sie gekonnt kontern* (2003), *Trainingsprogramm Schlüsselqualifikationen* (2003) und *Der starke Auftritt* (2002).

1 2 3 07 06

Umschlaggestaltung: Christina Hucke
Layout: Tania Poppe
Lektorat: Antje Herrmann
Gesamtherstellung: Fuldaer Verlagsanstalt, Fulda
ISBN 3-8218-5893-1

Verlagsverzeichnis schickt gern:
Eichborn Verlag, Kaiserstraße 66, D-60329 Frankfurt am Main
www.eichborn.de

Inhalt

Vorwort

Tatort Kantine, mittags 12.30 Uhr. Die meisten Kolleginnen und Kollegen haben sich das Mittagessen an der Selbstbedienungstheke schon geholt und lassen es sich schmecken. Die einen haben sich für Eintopf entschieden, die anderen für Gyros oder überbackenes Gemüseschnitzel mit Kartoffelgratin. Die Stimmung ist gut, es wird gescherzt, man erzählt sich, was die Kunden heute so wollten. Und dann kommt Kollegin Zeisner. Zielstrebig steuert sie das Salatbüffet an, lädt sich ein paar Gurkenscheiben, Tomatenstücke, Karottenspalten, Salatblätter und Zwiebeln auf den Teller und kommt zurück an den Tisch. Sie starrt auf die Gerichte der anderen und legt los: »*Ist das nicht ein bisschen schwer, bei diesem Wetter?*« »*Nö, schmeckt gut*«, antwortet die Runde. »*Das kann ich mir gar nicht vorstellen*«, erwidert Elke Zeisner. »*Man sollte wirklich darauf achten, was man isst. Zumal man heutzutage so viel über gesunde Ernährung weiß.*« Rainer Kessler erzählt, dass er schon seit Stunden mit knurrenden Magen dasaß und es ihm nach etwas Herzhaftem gelüstete. »*Also mir schmeckt's wunderbar*«, sagt Kollege Schmitt. Seine Vorgesetzte Schneider stimmt ihm zu und meint, dass doch wohl jeder selber entscheiden kann, was er essen möchte. »*Ja, essen möchte. Das ist ein gutes Stichwort*«, schaltet sich wieder Elke Zeisner ein. »*Schlimm genug, dass man so etwas überhaupt essen möchte. Alle, denen es so geht, haben echt ein Problem. Die haben ihr Essverhalten nicht unter Kontrolle.*« Die Kollegen werden langsam sauer: »*Moment mal, was willst du uns damit unterstellen?*«, fragt Günter Schmitt nach. Elke Zeisner lässt sich nicht beirren: »*Überhaupt ist mir aufgefallen, wie viele Leute zu Süchten neigen, auch bei uns im Haus, Leute, die völlig unkontrolliert leben.*« Es folgt ein minutenlanger Vortrag über Disziplin, Gesundheit, bewusste Ernährung, Krankenkassenbeiträge, mangelnde Bewegung und Alkoholkonsum. Das ursprünglich nette Gespräch am Tisch verstummt. Die einen schalten auf Durchzug, die anderen ereifern sich. Kollegin Kaiser ergreift die Initiative und wechselt das Thema: »*Habt ihr heute auch in der Zeitung gelesen, dass ...*« Sie kann den Satz gar nicht zu Ende führen, da hat Frau Zeisner das Wort an sich gerissen. »*Zeitung? Wer ein bisschen nachdenken kann, sollte sofort sein Abo kündigen. So teuer, und was steht drin? Nichts.*« Die als Nörglerin und Besserwisserin bekannte Kollegin Zeisner ist wieder in ihrem Element und beklagt, dass der Journalismus heutzutage immer schlechter werde und die Zeitungen noch dazu immer dünner. Ein paar Kollegen springen ruckartig auf und verlassen den Tisch, andere verfallen in Schweigen. Wenn man ganz genau hinsieht, könnte man auch entdecken, dass die eine oder andere Faust sich in der Hosentasche ballt. Von wegen entspannte Mittagspause …

Kennen Sie solche oder ähnliche Situationen, in denen Ihr Gegenüber Sie zur Weißglut treibt mit seinem nervigen Verhalten? Sie an sich halten müssen, um nicht loszubrüllen oder gar handgreiflich zu werden? Und sich fragen, wie Sie diese Nervensäge bloß in den Griff kriegen. Ja, wie nur?

Die schlechte Nachricht gleich vorweg: Sie können andere Menschen nicht umerziehen. »*Na toll*«, denken Sie jetzt womöglich, »*heißt das etwa, dass ich mein Leben lang die Launen, unangenehmen Angewohnheiten oder gar bewussten Bosheiten meines Gegenübers ertragen muss?*« Nein, ich kann Sie beruhigen: Sie können die Nervensäge zwar nicht umerziehen oder umkrempeln, aus einem introvertierten, muffeligen Einzelgänger können Sie keinen offenen, unterhaltsamen Teamplayer machen, eine erbsenzählende Nörglerin werden auch Sie nicht in eine schwärmerische »Ich-könnte-die-ganze-Welt-umarmen«-Anhängerin verwandeln. Aber – und das ist die gute Nachricht – Sie können ihn oder sie durch entsprechendes Verhalten Ihrerseits dazu anregen, sich für ein anderes Verhalten zu entscheiden, und damit Schritt für Schritt die Zusammenarbeit für beide erträglich oder sogar gut gestalten.

Der Unterschied zur »Umerziehung« liegt darin, dass der oder die andere selber entscheidet, ob er bzw. sie sich auch ändern möchte und vor allem wann. Wenn Sie es Ihrem Gegenüber durch Ihr Verhalten so schmackhaft wie möglich machen, ist die Wahrscheinlichkeit groß, dass sich auch auf der anderen Seite eine deutliche Veränderung in Gang setzt.

Wenn ich in diesem Buch zu Empfehlungen für ein gutes Miteinander komme, könnte bei dem einen oder der anderen der Eindruck entstehen, als müsse man ganz viel Verständnis für den anderen zeigen und eigene Gefühle von Frust, Ärger, Wut, Traurigkeit, Empörung etc. unterdrücken.

Aber genau darum geht es nicht, oder um es mit dem Kommunikationspsychologen Friedemann Schulz von Thun auf eine sehr eingängige Formel zu bringen: »Gib dich nach außen hin nicht toleranter, als du innerlich bist.«[1]

Die Grundsätze im Umgang miteinander zu beachten meint nicht, alles hinzunehmen, den Ärger herunterzuschlucken und womöglich das nervige Verhalten noch gutzuheißen, obwohl es einem total gegen den Strich geht. Es bedeutet vielmehr, aus seinem Herzen keine Mördergrube zu machen und Worte zu finden, die auf Gehör stoßen. Worte, die es dem Gesprächspartner oder der Gesprächspartnerin erleichtern, Sie überhaupt zu verstehen und mögliche Kritik anzunehmen – ohne Gesichtsverlust. Nur wenn das gelingt, gibt es Aussicht auf Erfolg, dass das Gegenüber bereit ist, sein bzw. ihr Verhalten zu überdenken und sich künftig für ein anderes zu entscheiden. Wohlgemerkt – die Entscheidung liegt bei Ihrem Gegenüber. Nicht Sie krempeln ihn oder sie um, Sie helfen diesem Menschen im besten Falle, selbst einen neuen Weg zu wählen.

Apropos wählen: Je mehr Wahlmöglichkeiten Menschen haben, desto flexibler sind sie, desto freier auch – weil sie nicht nur reflexartig reagieren (müssen), sondern entscheiden können, welche Reaktion für welche Situation wohl am angemessensten wäre. Damit Ihre Wahlmöglichkeiten wachsen im Umgang mit schwierigen Menschen, biete ich Ihnen an, von verschiedenen Seiten die Herausforderung Nervensäge anzunehmen.

Nach ein paar grundsätzlichen Überlegungen zu der Frage, was schwierige Menschen überhaupt schwierig macht und warum Umerziehungsversuche sinnlos sind, habe ich folgendes Angebot für Sie: Richten Sie zunächst den Blick auf sich selbst. Im Kapitel »Der Blick nach innen oder: Bei sich selbst beginnen« gehe ich der Frage nach: Warum regt mich ein bestimmtes Verhalten eigentlich so auf? Ich beschreibe psychologische Phänomene wie Übertragung, Projektion und die Rolle unterdrückter Bedürfnisse. In den Ärger über andere mischt sich häufig ein Bedürfnis, das nicht erfüllt wurde: Immer dann, wenn wir uns über andere ärgern und wir das Gegenüber abstempeln als z.B. besserwisserisch, nörglerisch oder arrogant, sagen wir damit indirekt etwas über unsere Bedürfnisse aus.

Manchmal sind es auch die ein Leben lang »gepflegten« Überzeugungen und Glaubenssätze, die den Ärger über das nervige Gegenüber anstacheln. Ich stelle Ihnen eine Methode vor, mit der Sie herausfinden können, ob der Ärger über die Nervensäge so etwas wie der Wink mit dem Zaunpfahl an Sie selbst ist, ja, eine Art Botschaft, doch mal die eigenen Überzeugungen und Glaubenssätze zu überdenken und ggf. durch neue zu ersetzen.

Immer wieder stelle ich Ihnen in diesem Buch Übungen vor, mit Hilfe derer Sie an eigenen Beispielen die vorgestellten Ansätze ausprobieren bzw. vertiefen können. Ich bin mir sicher, dass Sie auf diese Weise tiefer gehende Erfahrungen machen und nachhaltig von dem Wissen profitieren können.

Im Kapitel »Sich auf die Welt anderer einlassen oder: Die Landkarte ist nicht das Gebiet« richtet sich der Blick auf das Gegenüber. Hier geht es darum zu erkennen, was ihn oder sie treibt – man könnte auch sagen, herauszufinden, wie er oder sie »tickt«. Was steckt hinter den Aussagen, hinter dem nervenden Verhalten? Was ist die eigentliche Absicht? Will er oder sie mir damit möglicherweise etwas ganz anderes sagen? Dreh- und Angelpunkt ist es zu erkennen und zu akzeptieren, dass es unterschiedlichen Sichtweisen gibt.

Konflikte sind immer dann vorprogrammiert, wenn wir unsere Sichtweise für die einzig wahre zu halten. Die Basis für den gelungenen Umgang ist also die wertschätzende Haltung und der Respekt. Den erweisen Sie, indem Sie die Individualität und damit auch die Unterschiedlichkeit Ihres Gegenübers akzeptieren und sich die Mühe machen, genau hinzuhören, was er oder sie mit der nervigen Verhaltensweise über sich aussagt. Es gilt, das so genannte Selbstoffenbarungsohr zu spitzen.

Im Kapitel »Reden und zuhören oder: Die wichtigsten Kommunikationsregeln« geht es darum, die richtigen Worte zu finden. Welche Reaktionen sind empfehlenswert? Womit mache ich die Sache womöglich noch schlimmer, als sie vorher war? Was sind Kommunikationsförderer? Welche Macht Sprache hat, ist vielen Menschen nicht klar. Man kann mit Wörtern motivieren, Kraft spenden, Mut machen, ein Wohlgefühl erzeugen. Man kann aber auch Menschen herunterziehen, demotivieren, in einen schlechten Zustand versetzen. Mit Sprache lässt sich die Welt in der von Ihnen gewünschten Richtung in Bewegung bringen. Daher gilt es, sich wohl zu überlegen, welche Worte Sie wählen, wenn Sie mit der Nervensäge das Gespräch suchen.

Um eine Typologie der häufigsten Nervensägen geht es im darauffolgenden Kapitel. Nun ist das Einordnen von Menschen in Schubladen problematisch, da Etikettierungen einem Menschen in seiner Gesamtheit nicht gerecht werden. Warum trotzdem diese Darstellung? Mein Ziel liegt nicht darin, Personen zu stereotypisieren, sondern das Zuordnen zu einem bestimmten Typus soll helfen, die Neigung des Gegenübers zu der einen oder anderen Verhaltensweise besser zu verstehen und daraus Schlüsse für die eigene Reaktion zu ziehen. Neben den auffälligsten Verhaltensmerkmalen beleuchte ich mögliche Hintergründe der störenden Verhaltensweisen. Ich beschreibe übliche und empfehlenswerte Reaktionen und biete Ihnen als »Bonustrack« die Möglichkeit, am Ende jeder Beschreibung in einer 4-Schritte-Intervention zu prüfen, welche eigenen Anteile möglicherweise dabei eine Rolle spielen, dass gerade Sie auf einen bestimmten Nervensägentyp so »anspringen«.

Mit dem letzten Kapitel können Sie sich verwöhnen. Hier dreht sich alles um Ihr »Zustandsmanagement oder: Die Reise zur eigenen Mitte«. Je ausgeglichener man selber ist, desto weniger können einem Störungen, schwierige Situationen oder Menschen anhaben. Lesen Sie und probieren Sie aus, was Sie für sich tun können, um gelassen in Ihrer eigenen Mitte anzukommen und vor allem dort zu bleiben.

Sind Sie neugierig auf die Lektüre geworden? Ich freue mich, wenn Sie meiner Einladung folgen, und wünsche Ihnen viel Spaß und größtmöglichen Nutzen.

Was schwierige Menschen schwierig macht

»Die Hölle, das sind die anderen.«
Jean-Paul Sartre,
Schriftsteller, Bühnenautor, Philosoph

»*Wenn der nur ein bisschen weniger reden würde, könnte die Arbeit richtig Spaß machen.*« – »*Wäre die nicht immer so nörgelig, die Zusammenarbeit würde Hand in Hand laufen.*« – »*Die Aufgabe ist richtig herausfordernd, wäre da nicht so ein aggressiver Vorgesetzter …*« Kennen Sie solche Gedanken? Wenn das Wörtchen wenn nicht wär, könnte alles so schön, gut und unproblematisch sein.

88 Prozent der deutschen Arbeitnehmerinnen und Arbeitnehmer gaben bei einer Umfrage des Münchner geva-Instituts an, dass sie einen schwierigen Chef bzw. eine schwierige Chefin haben. Jede/r fünfte Befragte hasst sogar seinen bzw. ihren Vorgesetzte/n.[2] Und die schlechten Gefühle beschränken sich nicht nur auf den Chef oder die Chefin. Auch mit den lieben Kolleginnen und Kollegen auf gleicher Hierarchieebene geraten sich viele immer wieder in die Haare.

Es ist eine Binsenweisheit, dass es da, wo Menschen zusammentreffen, zu Meinungsverschiedenheiten, Reibungen, Konflikten oder Streitereien kommen kann. Erst recht in Zeiten wie diesen, wo Ängste z.B. vor dem Verlust des Arbeitsplatzes wachsen und demzufolge auch der Konkurrenzdruck. Das Klima wird rauer und gleichzeitig wachsen die Empfindlichkeiten. Laut einer Studie des Marktforschungsinstituts GfK empfinden 81 Prozent der Deutschen die Arbeitslosigkeit als das drängendste Problem. Viele haben Angst vor dem Jobverlust[3], was sich zunehmend auch auf das Arbeitsklima auswirkt.

Schulz von Thun dazu: »Die Mitarbeiter eines Unternehmens stehen vor einem unlösbaren Dilemma: Einerseits unterliegen Sie dem offiziellen Appell zur Zusammenarbeit (Und müssen daher aufnahmefreudig sein für alles, was die Kooperation fördert – z.B. Fehler zugeben, keine Energieverschwendung zur Wahrung des Gesichts); andererseits unterliegen sie dem inoffiziellen Appell zur ›Gegeneinander-Arbeit‹: Wem es gelingt, sich selbst herauszustellen und womöglich den anderen schlecht aussehen zu lassen, erhöht die Chance auf eine Karriereprämie.«[4]

Verständlich, dass in einer solchen Gemengelage nicht nur eitel Sonnenschein herrscht. Auf der Arbeit ist es ähnlich wie im Privatleben: So wenig, wie man sich die eigene Verwandtschaft aussuchen kann, hat man die Wahl, mit wem man das Büro teilt. Einen Unterschied gibt es doch: Verwandtenbesuche lassen sich reduzieren, Kollegenkontakte oft nicht. Wir sind unter Umständen gezwungen, tagtäglich mit Leuten auszukommen, die uns ärgern oder richtig auf die Nerven gehen.

Woran liegt es eigentlich, dass man Menschen als schwierig empfindet – oft sogar immer wieder den gleichen Typus? Da sitzt man zum dritten Mal zusammen, um die letzten Schritte vor dem Projektstart zu besprechen. Alles ist geklärt, alle Fragen sind beantwortet – dachten Sie. Da erhebt sich Bedenkenträger Meier und stellt plötzlich das Vorgehen grundsätzlich in Frage: Ob man nicht doch mal überlegen sollte, ganz anders an die Sache ranzugehen ... Sie hatten erwartet, dass endlich der Startschuss fällt. Schließlich gilt es, den Zeitplan einzuhalten. Und nun das: Wieder eine Zeitverzögerung. Sie sehen Ihr Ziel bedroht. Sie sind der festen Überzeugung, dass es wichtig ist, sofort zu beginnen, um der Konkurrenz nicht noch mehr Vorsprung zu lassen. Und nun bahnt sich eine endlose Diskussion an. »*Nur das nicht*«, denken Sie. Verständlich, dass Sie von Kollege Meier genervt sind.

Erwartungen, Ziele, Überzeugungen und Werte

»*Wenn ich* den *nur sehe ...*« – »*Wenn ich nur an* die *denke, wird mir schon schlecht ...*« Es gibt Menschen, die uns an den Rand der Verzweiflung bringen können. »*Die Chemie zwischen uns stimmt einfach nicht*«, ist eine Aussage, die oft getroffen wird, wenn man nicht genau definieren kann, wieso man mit dieser oder jenem nicht zurechtkommt. Oder es heißt: »*Der oder die ist mir einfach nicht sympathisch.*« Menschen lassen sich nicht sympathischer machen, aber Sie können versuchen, besser zu verstehen, warum Sie bei bestimmten Typen so ärgerlich werden und Sie sich andererseits über die Macken anderer nicht weiter aufregen. Was könnte die Ursache sein?

Ganz generell lässt sich sagen: Immer dann, wenn es eine Diskrepanz gibt zwischen unserer Erwartung (wie sich der bzw. die andere verhalten sollte) und dem, was er oder sie tatsächlich macht, empfinden wir andere als schwierig oder sind zumindest verärgert, wütend oder gar entrüstet. »*Wie kann man sich nur so verhalten ...?*« Dem Ganzen zugrunde liegt unser persönliches Wertesystem, also das, was wir als wichtig empfinden. Jedem Menschen können andere Werte wichtig sein (siehe auch S. 41 ff.). Sind es für den einen Unabhängigkeit, Freiheit und Wahrhaftigkeit, stehen für eine andere möglicherweise Tradition, Geborgenheit und Bescheidenheit an erster Stelle. Welche Werte für uns Bedeutung haben, hängt zum Teil von familiären Prägungen ab oder anderen, im Laufe des Lebens gemachten Erfahrungen.

Menschen tun sehr viel, um die eigenen Werte zu leben. Haben sie den Eindruck, diese Werte werden von anderen missachtet, werden sie versuchen, sie zu beschützen, zu verteidigen. Die Werte bestimmen darüber hinaus unsere Gefühle. Verstößt ein anderer gegen meine Werte bzw. verhindert er, dass ich meine Werte leben kann, oder missachte ich anderseits die Werte eines Mitmenschen, liegt es auf der Hand, dass es zu Kollisionen zwischen uns kommen kann.

»Typisch für die menschliche Kommunikation im Konfliktfall ist, dass jeder Kontrahent sich in ›seinem‹ Wertehimmel sonnt und den anderen im Keller der Entartung verortet: (So wirft ein Mann, der sich über seine auf einer Party mit anderen Männern flirtende Freundin ärgert, ihr vor:) ›Ich stehe für Zusammengehörigkeit, du verharrst in treuloser Unverbundenheit!‹ – (während sie es ganz anders sieht:) ›O nein, ich bin für Offenheit und Freiheit, während du eine Klammer-Symbiose anstrebst, worin man nur noch in Verschmelzung und nicht mehr als Individuen existiert.‹«[5]

Kennen Sie Ihre wichtigsten Werte? Worauf kommt es Ihnen an im Leben? Wenn Sie Antworten darauf suchen, widmen Sie sich für ein paar Minuten folgender Übung:

Übung: Mein Wertekatalog[6]

Sie können die folgende Übung allein machen, noch besser aber geht es zu zweit. Ihr Partner bzw. Ihre Partnerin stellt Ihnen die Fragen und notiert die Antworten.

1) Notieren Sie:
   - Was ist Ihnen in Ihren Beziehungen (Freunde, Familie, Umfeld) wichtig?
   - Was ist Ihnen in der Partnerschaft wichtig?
   - Was ist Ihnen bei der Arbeit wichtig?
   - Was ist für Sie allein ganz wichtig?

   Nennen Sie alles, was Ihnen einfällt und wofür es sich Ihrer Ansicht nach lohnt, aktiv zu werden.

2) Erinnern Sie sich an eine Zeit, in der Sie Ihren Arbeitsplatz aus eigener Initiative gewechselt haben. Vergegenwärtigen Sie, was Ihnen dort gefehlt hat. Was war nicht da, so dass Sie zu der Entscheidung gelangt sind, zu gehen? Gab es etwas, das Sie vergeblich versucht haben herzustellen?

3) Jetzt geht es um Ihre Beziehungen. Erinnern Sie sich an eine Partnerschaft, aus der Sie weggegangen sind, weil Sie etwas Wesentliches vermisst haben. Etwas, das Ihnen wichtig war, was aber für Sie entscheidend ist. Nennen Sie alles, was Ihnen einfällt: Was fehlte in dieser Beziehung, was vermissten Sie?

4) Und nun denken Sie an eine Freundschaft, die Sie aus eigener Initiative beendet haben. Erinnern Sie sich daran, was gefehlt hat. Was haben Sie vermisst, so dass Sie den Schlussstrich gezogen haben?

5) Erinnern Sie sich an eine Situation in Ihrem Leben, in der etwas ganz Entscheidendes gefehlt hat. Etwas, was Ihnen wichtig gewesen wäre. Was war das, als Sie das Gefühl hatten, hier fehlt etwas Entscheidendes, hier fühle ich mich nicht wohl? Was hat Ihnen gefehlt?

Und nun schließen Sie diese Phase für sich ab, stehen vielleicht einmal auf, gehen ein paar Schritte und nehmen dann wieder Platz.

6) Lassen Sie vor Ihrem geistigen Auge eine Arbeitssituation entstehen, bei der Sie die Arbeit gern gemacht, Sie sich wirklich wohl gefühlt haben. Was war da? Was war entscheidend für den Eindruck, dort genau richtig zu sein? Nennen Sie wieder alles, was Ihnen einfällt.

7) Denken Sie an eine Situation in Ihrer Partnerschaft, wo Sie sich ganz wohl gefühlt haben, wo es Ihnen richtig gut ging. Was war da? Was war wichtig, so dass es zu diesem Wohlgefühl gekommen ist? Spüren Sie in die Situation hinein, was sehen Sie? Was entwickelt sich vor Ihrem geistigen Auge? Vielleicht hören Sie auch etwas? Erinnern Sie sich an ein Gespräch, Stimmen, Geräusche? Vielleicht verbinden Sie die Situation auch mit einem bestimmten Geruch oder Geschmack? Welches Gefühl verknüpfen Sie mit der Situation? Lassen Sie sich Zeit, dem noch einmal nachzuspüren. Was war da, dass Sie sich so gut gefühlt haben? Was macht das Wesentliche aus?

8) Und nun erinnern Sie sich an Situationen mit Freunden, die Sie sehr genossen haben. Vielleicht entsteht ein Bild vor Ihrem geistigen Auge, möglicherweise hören Sie noch Worte? Oder es stellt sich ein bestimmtes Gefühl ein? Was hat dazu beigetragen, dass Sie sagen: Ich fühle mich wohl. Welcher Wert gehört für Sie dazu?

9) Und schließlich versuchen Sie sich an eine Situation zu erinnern, in der Sie sich ganz mit sich allein äußerst wohl gefühlt haben. Erinnern Sie sich: Wie war das, woran lag es, dass es Ihnen so gut ging? Was war Ihnen wichtig?

10) Baden Sie noch einmal in den Erinnerungen. Genießen Sie die Situationen, wo es in Ihrem Leben wirklich gut gelaufen ist, ganz besonders, einmalig, unvergleichbar. Was ist es, wofür es sich lohnt, zu leben, aktiv zu werden, sich zu motivieren?

11) Schließen Sie den Prozess jetzt ab und schauen Sie sich die Liste an. Tauschen Sie sich – soweit möglich – mit Ihrem Partner/Ihrer Partnerin aus. Gab es Mehrfachnennungen? Was scheint besonders wichtig zu sein? Gibt es einen obersten Wert? Was fällt überhaupt auf?

Solange wir unser persönliches Wertesystem zum Maßstab für alle erklären, müssen wir uns nicht wundern, dass wir ganz vielen schwierigen Menschen begegnen. Kurzum: Wir können die Welt nicht ändern, aber wir können unsere Erwartungen verändern.

Schließlich ist es durchaus möglich, dass Ihr Gegenüber ähnliche Stoßseufzer gen Himmel schickt, wie ich Sie eingangs mit dem Wörtchen »Wenn« eingeleitet habe (s. S. 13), nur mit dem kleinen, aber feinen Unterschied, dass in diesem Fall Sie die Ursache des Ärgers sind. Vielleicht stört sich der Kollege an Ihrer einen oder anderen Eigenart …? Denn so manche Eigenart wirkt auf andere wortwörtlich eben eigenartig. Merke: Es sind nicht immer nur die anderen, die als schwierig empfunden werden.

Man könnte jetzt einwenden: »*Das mit der eigenen Wahrnehmung, das kann schon sein. Aber ist es nicht merkwürdig, dass es auch Menschen gibt, mit denen ganz viele ihre Probleme haben? Z.B. die Kollegin Angela Zober. Kaum einer lässt ein gutes Haar an ihr. Mit kaum jemandem hat sie Kontakt, gerade dass sie mal grüßt. Selbst in der Mittagspause bleibt sie meist für sich. Viele haben den Eindruck, dass sie sich für jemand Besseres hält …*«

Sicher gibt es Menschen, die bei vielen auf Abwehr stoßen, weil ein markanter Wesenzug oder auffällige Verhaltensweisen nicht gerade Sympathien auf sich ziehen. Menschen, die es scheinbar geradezu herausfordern, dass man sich ihnen gegenüber distanziert, seinerseits unfreundlich oder vielleicht sogar aggressiv wird. Hilfreicher wäre es zu wissen, was hinter dem Verhalten steckt.

Gar nicht selten stellt man bei vielen Nervensägen eine Parallele fest: Sie leiden unter einer geringen Selbstachtung. Möglicherweise leidet die Person selber darunter, Außenseiterin zu sein, kann aber nicht oder hat nicht gelernt, mit anderen auf positive Weise in Kontakt zu treten. Wie wäre es, wenn Sie einen Schritt auf den Menschen zumachen und vorsichtig fragen: »*Ich habe das Gefühl, dass es Ihnen nicht so gut geht …*« oder »*Ich habe den Eindruck, dass die Beziehung zwischen uns belastet ist. Geht es Ihnen ähnlich?*« Manchmal gelingt ist, mit Fragen wie diesen ins Gespräch zu kommen oder ganz einfach zu erfahren, was Ihr Gegenüber bewegt.

Wenn man mehr über die mögliche Ursache eines bestimmten Verhaltens weiß, ist es leichter, angemessen mit der Person umzugehen. Oder würden Sie sich dem schwierigen Kollegen gegenüber weiterhin so distanziert verhalten, wenn Sie wüssten, dass er enorme private Probleme hat, z.B. gerade geschieden wurde, sich Sorgen um das Kind macht oder an einer Krankheit leidet?

Checkliste – das Wichtigste auf einen Blick

- ☐ Ich kann mein Gegenüber nicht sympathischer machen. Ich kann aber versuchen, besser zu verstehen, warum ich bei bestimmten Menschen so ärgerlich werde.
- ☐ Wir empfinden andere als schwierig, wenn sich eine Diskrepanz zwischen unserer Erwartung und dem, was er oder sie tatsächlich macht, ergibt.
- ☐ Wir können die Welt nicht ändern, aber wir können unsere Erwartungen verändern.
- ☐ Werte bestimmen unsere Gefühle und unser Verhalten. Zu Kollisionen zwischen Menschen kommt es, wenn die Werte des/der anderen missachtet werden.
- ☐ Jeder Mensch ist mal schwierig.

Warum Umerziehungsversuche nichts bringen

»Auf kaum etwas reagieren Menschen so empfindlich
wie auf die Einschränkung ihrer Freiheit.«
Christian-Rainer Weisbach,
Kommunikationspsychologe

Eigentlich sollten wir es wissen: Der Versuch, andere nach unserem Willen zu formen, sie umzuerziehen, ist zum Scheitern verurteilt. Das kennt man doch auch aus der Partnerschaft: Am Anfang, wenn die Liebe den Blick verklärt, ist alles so wunderbar. Macken des Partners werden als interessante Besonderheiten gesehen oder gar nicht wahrgenommen. Doch je mehr der Alltag eintritt und die Sicht klarer wird, wächst oft auch der Wunsch, das eine oder andere am Partner zu ändern. Plötzlich fühlt man sich gestört von den Eigenarten, die am Anfang nicht weiter beachtet wurden. Nun beginnt der Versuch, den anderen umzukrempeln. Und schon steckt man im schönsten Streit. Weil der Partner oder die Partnerin gar nicht versteht, was plötzlich so falsch sein soll. Sie hingegen wissen genau, was sich ändern sollte. Sie haben da schon ganz konkrete Vorstellungen …

Ist es nicht *eigenartig*, dass wir die störenden *Eigenarten* des oder der anderen ziemlich deutlich benennen können und uns auch ganz klar ist, was dagegen zu tun wäre? Beim Blick auf uns selbst sind wir oft weniger kritisch. Die eigenen Verbesserungsmöglichkeiten werden dabei leicht übersehen – wie bereits in der Bibel nachzulesen ist: Als Matthäus zwischen zwei Streithähne trat, zitierte er ein Wort, das er Jesus einmal hatte sagen hören:

»Hört auf, euch gegenseitig zu richten. Denn nach welchem Maßstab ihr richtet, werdet ihr auch gerichtet werden; und so wie ihr messt, werdet ihr auch gemessen werden. Warum schaust du denn auf den Splitter im Auge deines Bruders und siehst nicht den Balken in deinem Auge? Oder wie kannst du zu ihm sagen: Halt, ich will dir den Splitter aus deinem Auge ziehen, und dabei hast du einen Balken in deinem eigenen Auge? Du Heuchler, zieh doch zuerst den Balken aus deinem Auge; danach sieh zu, wie du den Splitter aus deines Bruders Auge ziehst.«[7]

Bei sich selbst anzufangen ist allemal erfolgversprechender als andere mit Druck oder Zwang dazu bringen zu wollen, nach den eigenen Vorstellungen sich zu verändern. Sie können dem oder der anderen Vorschläge, Angebote machen, durch ein positives Vorbild ein bestimmtes Verhalten vorleben, aber ob und wann er bzw. sie sich ändert, bestimmt Ihr Gegenüber immer noch selbst. Denn was Ihnen wichtig ist, muss für die andere Person noch lange nicht so bedeutend sein. Und selbst wenn es Ihnen »gelingen« sollte, dass die Nervensäge klein beigibt, sich Ihren Vorstellungen widerwillig anpasst, damit Ruhe herrscht – was wäre dann gewonnen? Sie hätten wahrscheinlich das schale Gefühl, dass es nur eine Scheinveränderung ist und bei nächster Gelegenheit ein Rückfall in alte Verhaltensweisen zu erwarten ist. Beim Gegenüber droht zudem der Verlust der Selbstachtung. Das ist keine Basis für ein entspanntes Miteinander. Dass Umerziehungsversuche von außen sinnlos sind, brachte Schauspieler Heiner Lauterbach jüngst in einem Interview zum Ausdruck. Gefragt danach, ob es seine Frau war, die für seinen neuen, gesunden Lebenswandel verantwortlich sei, antwortete er:

»Ja, sie hat sicher dazu beigetragen. Aber ich selbst war bereit dafür, man kann jemanden nicht umkrempeln. Mir stinkt das sowieso ein bisschen: Wenn man Blödsinn macht, ist man selber verantwortlich dafür, und wenn man sich anständig benimmt, dann haben die Frauen einen umgekrempelt. Das kann ja wohl nicht sein.«[8]

Wenn man Menschen bedrängt, sich zu ändern, kommt es häufig zu Widerstand. Die Angst vor dem Verlust der eigenen Handlungsfreiheit ist groß. Zumal wenn der Fordernde sehr massiv vorgeht. Druck verursacht Gegendruck.

Grenzüberschreitung

Diejenigen, die einen Menschen kritisieren und zur Änderung auffordern, verstehen oft gar nicht, dass der andere die gut gemeinten Ratschläge nicht befolgen will. »*Ist doch nur zu deinem Besten …*« Sie merken gar nicht, dass sie dabei Grenzen überschreiten und den anderen verletzen.

Manche Menschen empfinden die Aufforderung, ihr Verhalten zu ändern, als unzulässige Einmischung. Dem Appell zu folgen könnte als Eingeständnis einer persönlichen Niederlage erlebt werden.[9]

Die häufigsten Reaktionen sind infolgedessen Aggression, Trotz (jetzt erst recht nicht) oder scheinbare Anpassung (nach außen hin wird zugestimmt, hintenrum oder heimlich das alte Verhalten weiter betrieben). All das dient dem Ziel, das Gesicht zu wahren, die persönliche Ehre zu retten. Geradezu allergisch reagieren denn auch viele Menschen auf Wörter wie »müssen«, »sollen«, »nicht dürfen«. »Solche Formulierungen sind geeignet, im anderen Widerstand aufzubauen, um sich vor Angriffen auf die eigene Integrität zu schützen.«[10] Die Bedeutung der kleinen Wörter ist nicht zu unterschätzen. Es macht einen Unterschied, ob Sie zu Ihrem Kollegen sagen: *»Sie müssen die Papiere bis morgen um 15 Uhr bearbeitet haben.«* Oder ob Sie sagen: *»Können Sie bitte bis morgen um 15 Uhr die Unterlagen bearbeiten, damit ich sie in der Sitzung vorliegen habe?«*

Vielleicht kennen Sie auch die Reaktion, wenn man zu jemandem sagt: *»Sie müssen jetzt …«* Dann kommt häufig die Antwort: *»Müssen muss ich gar nicht.«* Muss- und Soll-Formulierungen lösen häufig ungute Erinnerungen an die Kindheit aus, als Eltern oder Lehrer einem zu sagen pflegten, was man zu tun und zu lassen habe. Wollen Sie also Ihr Gegenüber nicht in einen Zustand führen, in dem er oder sie sich wie ein kleines Kind fühlt (und sich möglicherweise auch so verhält), dann vermeiden Sie diese Gehorsamswörter (mehr zum Thema Formulierungen auf S. 63 ff.).

Der Mensch ist ein Gewohnheitstier

Andere nach eigenem Gusto umkrempeln zu wollen, ist nicht nur vergebliche Liebesmüh', sondern, gelinde gesagt, auch anmaßend. Schließlich ist man weder Therapeut/-in (und selbst die werden sich davor hüten) noch Erziehungsberechtigte/-r, noch Retter/-in der Nation. Wer gibt einem das Recht, über jemandem anders bestimmen zu wollen? Stellen Sie sich vor, jemandem in Ihrem Umfeld passt es nicht, wie Sie an bestimmte Aufgaben herangehen. Und obwohl Sie es seit 15 Jahren so machen, noch dazu mit guten Ergebnissen, sollen Sie plötzlich alles ändern. Würden Sie sich da nicht auch wehren? Und selbst wenn Sie einsehen, dass die Vorschläge gar nicht so schlecht sind, dass sie vielleicht durchaus zur Arbeitserleichterung beitragen können, selbst dann ist es mit der Veränderung so eine Sache, wie auch Charles F. Kettering wusste, ein amerikanischer Industrieller, der für die Forschung und Entwicklung bei General Motors zuständig war. Seine Überzeugung: »Die Menschen sind sehr offen für neue Dinge – solange sie nur genau den alten gleichen.«

Der Mensch ist ein Gewohnheitstier. Eine Gewohnheit abzulegen braucht viel Energie, Entschlossenheit und Durchhaltewillen. Denken Sie nur einmal daran, wie viele Menschen sich entschließen, abzunehmen, ab sofort ein anderes Leben mit gesunder Ernährung und ausreichender Bewegung beginnen wollen und dann nach einer gewissen Zeit all die guten Vorsätze über den Haufen werfen und zu den alten, ungesunden Gewohnheiten zurückkehren.

Alte Gewohnheiten abzulegen ist ein Prozess, das geschieht nicht von heute auf morgen. Es gilt zu akzeptieren, dass »Veränderung Zeit braucht. (...) Jede Veränderung, die (...) wirklich gut ist, hat ihre Eigenenergie, die von innen weiterhilft, die jedoch oft von ›gutmeinenden Veränderungspushern‹ zerstreut und im Widerstand verschwendet wird.«[11]

Step by step gilt es vorzugehen – wie ein Baby, das Laufen lernt und sich Schritt für Schritt eine neue Welt erobert. »Gewohnheiten darf man nicht einfach zum Fenster hinauswerfen; man begleitet sie die Treppe hinunter – Stufe für Stufe«, hat Mark Twain formuliert.

Sich von alten Denkmustern und Verhaltensgewohnheiten zu verabschieden ist also eine große Herausforderung, bei der es einige Widerstände zu überwinden gibt. Verständlich, dass man sich wehrt, wenn andere einem schlaue Ratschläge »um die Ohren hauen«.

Heißt das nun alles in allem: Finger weg von Verbesserungsvorschlägen, alle Macken hinnehmen, Nervereien ertragen, den Ärger herunterschlucken? Nein, genau das heißt es nicht. Die Konsequenz lautet: Ich kann andere nicht umkrempeln, ich kann aber durch Veränderung meiner Einstellung und meines Verhaltens das Gegenüber einladen, sein Verhalten zu überdenken und sich – so er bzw. sie will – für ein neues Verhalten zu entscheiden. Es geht nicht darum, den Freiheitsspielraum zu beschränken, sondern – im Gegenteil – die Wahlmöglichkeiten zu erweitern (mehr dazu auf Seite 47 ff.). Ich helfe dem oder der anderen, weitere Handlungsmöglichkeiten zu entdecken und in das eigene Repertoire aufzunehmen – wobei ich es immer meinem Gegenüber überlasse, für welches Verhalten er oder sie sich im jeweiligen Fall entscheidet.

Oder um es mit Max Frisch zu sagen: »Halte dem andern die Wahrheit hin wie einen Mantel, in den er hineinschlüpfen kann, und haue sie ihm nicht wie einen nassen Lappen um die Ohren.«

Checkliste – das Wichtigste auf einen Blick

- ☐ Andere umerziehen zu wollen ist sinnlos. Erfolgversprechender ist es, sich selber zu ändern.
- ☐ Wenn Sie Menschen bedrängen, sich zu ändern, kommt es häufig zu Widerstand.
- ☐ Der/die andere entscheidet selbst, ob und wann er bzw. sie sich ändern möchte.
- ☐ Andere nach eigenem Gusto umkrempeln zu wollen ist auch anmaßend.
- ☐ Die große Herausforderung besteht darin, sich von alten Denkmustern und Verhaltensgewohnheiten zu verabschieden.
- ☐ Ich kann durch Veränderung meiner Einstellung und meines Verhaltens das Gegenüber einladen, sein Verhalten zu überdenken und sich für ein neues zu entscheiden.

Der Blick nach innen oder: Bei sich selbst beginnen

»Man sollte nie aus sich herausgehen,
bevor man nicht in sich gegangen ist.«
Günther Baruschke,
deutscher Aphoristiker

Schwierige Menschen gibt es. Keine Frage. Und Sie haben die Wahl, ob Sie sich mit jeder Nervensäge intensiv auseinander setzen wollen oder eher nicht. Vielleicht ist Ihnen das der ganze Aufwand gar nicht wert? Oder es handelt sich bei dem schwierigen Verhalten um eine vorübergehende Erscheinung. Möglich, dass Ihr Gegenüber gerade mal einen schlechten Tag oder eine schlechte Phase hat, so dass nicht jedes Wort auf die Goldwaage zu legen ist.

Aber immer dann, wenn Sie sich wieder und wieder über ein bestimmtes Verhalten bei verschiedenen Menschen ärgern oder Sie bemerken, dass ein bestimmter Typus von Nervensäge Sie besonders in Rage bringt, ist es sinnvoll, den Blick zunächst auf sich selbst zu richten.

Vielleicht haben Sie sich schon einmal gefragt, warum ausgerechnet Sie immer an Trantüten und Bremser geraten? Oder warum sich die meisten Ihrer Vorgesetzten als Besserwisser entpuppen? Psychologinnen und Psychologen sagen, dass immer dann, wenn etwas drei oder mehrere Male im eigenen Leben vorkommt, mit hoher Wahrscheinlichkeit ein Muster dahinter steckt, eine unbewusste Absicht, exakt diese Erfahrung zu machen.[12] Oder anders ausgedrückt: Möglicherweise fordern Sie Ihr Gegenüber zu dem störenden Verhalten unbewusst heraus. Genau dann lohnt es sich, genauer hinzusehen. Gar nicht so unwahrscheinlich, dass Sie bei dieser Gelegenheit zu spannenden Erkenntnissen über sich selbst gelangen.

Nervensägen bringen uns vielleicht manchmal an den Rand des Erträglichen, aber gleichzeitig bietet genau diese Erfahrung auch die Chance, sich weiter zu entwickeln. Die Frage lautet: Was hat das Ganze mit mir zu tun? Oder: Warum rege ich mich über Kollege X oder Kollegin Y so auf?

Bevor Sie loslegen und dem anderen bei passender oder gar unpassender Gelegenheit auftischen, was Ihnen alles an ihm nicht passt, möchte ich Sie bitten, innezuhalten und den Blick nach innen zu wagen. Ich sage bewusst wagen, denn diese Perspektive hält bestimmt die eine oder andere Überraschung, ja vielleicht sogar ein kleines Abenteuer für Sie bereit.

Beginnen Sie vorab mit ein paar Fragen an sich selbst. Versuchen Sie, offen und ehrlich zu antworten:

Was regt mich am anderen besonders auf? Fühle ich mich angegriffen? Wenn ja, wodurch? Oder was verunsichert mich?

Habe ich dieses Gefühl nur bei dieser Person oder auch bei anderen Menschen? Öfter?

Warum fällt es mir so schwer, emotionale Distanz zu wahren?

Stellen Sie sich vor, eine gute Fee käme vorbei und über Nacht sei alles anders. Sie hätten endlich die Gelassenheit erreicht, von der Sie in Bezug auf die Nervensäge immer träumten. Wie verhalten Sie sich dann?

Wie leicht fiel es Ihnen, die Fragen zu beantworten? Ist die eine oder andere Zeile leer geblieben? Weitere Hinweise zu möglichen Ursachen und eigenen Anteilen erhalten Sie in den folgenden Abschnitten.

Wenn einem alles zu viel wird – der schlechte Zustand

Kennen Sie auch Situationen, in denen man das Gras wachsen und die Flöhe husten hört? Bei mir jedenfalls gibt es manchmal Phasen, in denen alles schief zu laufen scheint. Kleinigkeiten genügen, um das Fass zum Überlaufen zu bringen. Wenn mir in einer solchen Phase jemand komisch kommt, dann rege mich darüber mehr auf als in Zeiten von Ausgeglichenheit und Zufriedenheit. Mit anderen Worten: Die Gründe, dass man zu bestimmten Zeiten ganz viele schwierige Menschen um sich hat, können durchaus mit dem eigenen schlechten Zustand zusammenhängen. Der »Vorteil« dabei: Die Ursache dafür ist ziemlich leicht zu erkennen. Bevor Sie also in solchen Momenten vorschnell agieren, halten Sie sich mit Äußerungen zurück und achten Sie auf sich. Tun Sie alles, was Sie wieder in einen besseren Zustand versetzen kann. Ausführliche Tipps und Hilfestellungen dazu finden Sie ab S. 117.

»Das erinnert mich an etwas« – das Phänomen der Übertragung

Vielleicht haben Sie schon mal erlebt, dass Ihnen jemand von Anfang an unsympathisch war, ohne dass der oder die andere überhaupt einen Ton gesagt hat. Möglicherweise erinnert Sie dieser Mensch an eine Person aus Ihrer Vergangenheit, mit der Sie schlechte Erfahrungen gemacht haben. Ganz unbewusst reagieren Sie auf diesen neuen Menschen in Ihrem Leben so, als hätten Sie den alten vor sich. Keine gute Ausgangsbasis für ein entspanntes Miteinander. Manchmal ist es auch eine bestimmte Geste, der Tonfall, die Stimme, ein Geruch, ein Dialekt oder bestimmte Wörter, die Sie mit unguten Gefühlen besetzt haben.

In der Psychologie wird dieses Phänomen als Übertragung bezeichnet. Gemeint ist, dass Gefühle, Wünsche, Erfahrungen mit Menschen (vor allem früheren Bezugspersonen) unbewusst auf andere Personen übertragen werden. Rachsucht und Rechthaberei, Trennungsängste und spontane Sympathie oder auch Hass auf bestimmte Personen sind bekannte Übertragungsszenarien. »Der Schlüssel für ein tiefergehendes Verständnis kriegerischer Auseinandersetzungen am Arbeitsplatz ist in den Erfahrungen mit der Ursprungsfamilie zu suchen (...). Die meisten

Menschen wissen, dass ihre Kindheitserfahrungen einen Einfluss auf ihre Partnerwahl haben. Diese prägende Funktion der Kindheit gilt aber auch für die Arbeitswelt. Geschwisterrivalität, Loyalitäts- und Autoritätskonflikte mit den eigenen Eltern können sich am Arbeitsplatz mit Vorgesetzten, Kollegen oder ›Untergebenen‹ wiederholen.«[13]

Bevor Sie in die nächste Auseinandersetzung mit der Kollegin oder dem Kollegen geraten oder beschließen, diese Menschen wenn möglich nur noch zu meiden, forschen Sie zunächst in der eigenen Vergangenheit nach, ob das Gefühl hier seinen Ursprung haben könnte. Mal ehrlich: Hat die Kollegin nicht verdammt viel Ähnlichkeit mit der nörgelnden Tante, der man nichts recht machen konnte? Die immer ein Haar in der Suppe fand? Selbst wenn man mit einer guten Note nach Hause kam, war es eben *»nur eine 2«*, und *»wieder keine 1«*? Oder der neue Chef – irgendwie hat der vielleicht etwas von dem eigenen Vater, der damals auch immer alles besser wusste?

Überprüfen Sie, ob Übertragung der wahre Grund ist, weshalb Sie mit Kollege X oder Kollegin Y so große Schwierigkeiten haben. Sollte das der Fall sein, gilt es, künftig stärker die eigene Rolle zu reflektieren und sich zu bemühen, sich von dem Übertragungsphänomen in Ihrer Handlung nicht beeinflussen zu lassen. Wenn Sie sich diesen Mechanismus der Übertragung immer wieder verdeutlichen und auch klar trennen zwischen der damaligen Person und dem Menschen, mit dem Sie heute zu tun haben, werden Sie feststellen, dass sich Ihre Einstellung und in Folge dessen auch Ihr Verhalten verändern werden.

Überhaupt ist es – prophylaktisch – empfehlenswert, sich bei neuen Bekanntschaften und Begegnungen die Frage zu stellen, ob das Gegenüber Sie an einen anderen Menschen erinnert. Wenn ja (und v.a. wenn es keine angenehmen Erinnerungen sind), machen Sie sich Ihre Assoziationen bewusst: *»Ja, der hat wirklich die gleiche Gestik drauf wie mein alter, verhasster Lehrer. Aber dieser Mensch ist ein ganz anderer.«* So wird die Gefahr verringert, die neue Beziehung mit den Altlasten zu vergiften.

»Unglaublich, was andere sich erlauben« – das Phänomen der Projektion

»Wenn wir einen Menschen hassen, so hassen wir in seinem Bild etwas, was in uns selber sitzt. Was nicht in uns selber ist, das regt uns nicht auf«, schreibt Hermann Hesse. Sie empfinden möglicherweise nicht unbedingt Hass auf einen nervigen Kollegen. Aber seinVerhalten geht Ihnen gehörig gegen den Strich, so dass Sie vor Ärger an die Decke gehen könnten?

Möglich, dass hinter Ihrer Wut Projektion steckt.

Damit ist ein Abwehrmechanismus gemeint, das heißt: eigene Eigenschaften, Wünsche, Taten, die man sich selbst nicht erlaubt oder derer man sich schämt, weil sie vielleicht Werten oder Normen widersprechen, werden bei anderen abgelehnt. Ziel des Ganzen: sich davon distanzieren zu können.[14]

Beispiele für Projektionen:

- Die Frau, die heimlich die privaten Unterlagen und Briefe ihres Mannes durchsucht und ihm unterstellt, genau dieses mit ihren privaten Dingen zu tun.
- Der Ehemann, der eigentlich homosexuell ist, aber bei jeder Gelegenheit gegen die Schwulen wettert, weil er sich selbst nicht erlaubt, so zu leben.

Ärger wohnt im eigenen Denken

Der Gründer des internationalen Center for Nonviolent Communication in den USA, Marshall B. Rosenberg, weist auf die inneren Anteile bei Ärger über andere hin, wenn er betont: »Das, was andere Menschen tun, ist niemals Ursache für das, was wir fühlen.« Die Feststellung mag verwundern, kennen wir doch alle Aussagen wie: *»Mensch, die Frau macht mich aggressiv«*, oder: *»Oh, wenn ich* den *nur sehe, werde ich wütend.«* Scheinbar sind hier die Ursache (= der/die andere) und die Wirkung (= Ärger, Wut, Aggressionsgefühle) klar definiert. Ja, eben nur scheinbar. Dazu Rosenberg: »Immer wenn wir uns ärgern, suchen wir beim anderen einen Fehler – wir entscheiden uns, Gott zu spielen, indem wir den anderen verurteilen oder ihm den Vorwurf machen, dass er etwas falsch gemacht hat oder Bestrafung verdient. Ich möchte Ihnen nahe legen, hier die Ursache des Ärgers zu suchen. Auch wenn es uns anfangs nicht bewusst ist: Ärger wohnt in unserem eigenen Denken.«[15]

Folgende Übung bietet Ihnen die Möglichkeit selbst zu erfahren, was die eigenen Anteile an dem Ärger über den anderen sind oder sein könnten und ob vielleicht Projektion im Spiel ist. Sie benötigen lediglich zwei Stühle, ggf. etwas zum Schreiben bzw. ein Aufnahmegerät.

Übung: Der oder die schwierige andere[16]

- Erinnern Sie sich zunächst an eine Person, die Sie als Nervensäge oder als schwierig bezeichnen, vielleicht ein Kollege, vielleicht jemand aus Ihrem privaten Umfeld. Lassen Sie diesen Menschen vor Ihrem geistigen Auge erscheinen. Was macht ihn für Sie schwierig? Worüber regen Sie sich auf? Was würden Sie am liebsten ändern?
- Nehmen Sie auf einem Stuhl Platz und beginnen Sie, die schwierige Person zu beschreiben, wobei Sie durchaus werten können: *»Der ist so überheblich und von sich eingenommen«; »Die ist eine echte Besserwisserin. Immer muss sie das letzte Wort haben …«* Die Beschreibung kann durchaus mehrere Minuten dauern. Um sich später noch einmal zu erinnern, können Sie Ihre Aussagen auch aufschreiben oder aufnehmen.
- Haben Sie die Beschreibung beendet, wechseln Sie auf den zweiten Stuhl. Dies ist die Position, von der Sie eine Innenschau betreiben können. Hier erkunden Sie sich selbst. Wie ist Ihre Art, mit dem schwierigen Zeitgenossen umzugehen? Was spielt sich innerlich in Ihnen ab, wenn Sie ihm oder ihr begegnen? Wie reagieren Sie äußerlich? Was empfinden Sie? Lassen Sie sich auch hier ein paar Minuten Zeit, um Ihr »Innenleben« zu beschreiben.
- Zur Auswertung: Was ist Ihnen aufgefallen? Gab es Parallelen zwischen dem, worüber Sie sich beim Gegenüber ärgern, und dem, was Sie sich selber aber zum Beispiel verkneifen? Gehen Sie Ihre Aufzeichnungen durch und werfen Sie einen distanzierten Blick auf das »Geschehen«. Was sind Ihre Anteile an dem Ärger, den der oder die andere verursacht?

Nicht erfüllte Bedürfnisse

Ärger über andere ist oft nichts anderes als ein verkapptes eigenes Bedürfnis, das nicht erfüllt wurde. Immer dann, wenn wir uns ärgern und womöglich das Gegenüber als besserwisserisch, nörglerisch oder arrogant abstempeln, sagen wir damit indirekt etwas über unsere Bedürfnisse aus. Beispiel: Wenn ich mich über den Bremser in der Sitzung ärgere, weil er ständig interveniert, eigentlich Geklärtes noch einmal hinterfragt, wieder Bedenken hat, dann steht dem mein Bedürfnis entgegen, endlich »zu Potte zu kommen«, um den Zeitplan einzuhalten. Ein anderes Bedürfnis könnte sein: Ich möchte mit meinem Anliegen ernst genommen und als Autorität akzeptiert werden (andere richten sich nach mir) oder möchte, dass man Vertrauen zu mir hat und damit auch zu meiner Vorgehensweise. Indem ich mich nun aber mit meinem Ärger darauf konzentriere, wie ich es »der Schnecke«, dem »Erbsenzähler«, dem »Pedanten« heimzahlen könnte, wie ich ihn quasi bestrafen könnte, wird mir notwendige Energie abgezogen. Energie, die ich viel besser nutzen könnte. Zum Beispiel für die Frage: Was brauche ich wirklich und wie muss ich mein Anliegen formulieren, damit es deutlich wird?

Statt zu sagen: »*Sie halten den ganzen Laden auf. Wie können Sie nur immer wieder so ein Theater machen?*«, formuliere ich besser: »*Ich bin unter Druck, weil ich an den Zeitplan gebunden bin. Es macht mich nervös, wenn ich nicht bald beginnen kann.*« Oder (bezogen auf das Bedürfnis Vertrauen): »*Ich wünsche mir, dass Sie mehr Vertrauen zu mir haben und mehr darauf vertrauen, dass das Projekt bei mir gut aufgehoben ist …*«

Was ist der entscheidende Unterschied? Die erste Aussage ist ein wutgetränkter Vorwurf, der eine Abwehrreaktion nach sich ziehen wird, in der das Gegenüber alles von sich weist, selber ärgerlich wird, womöglich mich wiederum beschimpft. Und so geht es munter Stufe für Stufe die Eskalationstreppe hinauf – immer weiter weg vom eigentlichen Thema. Die zweite und dritte Variante machen es meinem Gegenüber leichter, sein Gesicht zu wahren und sich in meine Situation einzufühlen. Dazu Rosenberg: »Immer wieder habe ich die Erfahrung gemacht, dass in dem Moment, wo Leute anfangen, über das zu sprechen, was sie brauchen, statt darüber, was mit dem anderen nicht stimmt, die Wahrscheinlichkeit, einen Weg zur Erfüllung aller Bedürfnisse zu finden, dramatisch ansteigt.«[17]

Wenn ich mich auf meine Bedürfnisse konzentriere, statt darüber nachzusinnen, wie ich es ihm heimzahlen kann, hat das darüber hinaus eine Ventilfunktion. Ich mache meinem Ärger Luft, nehme meine Gefühle ernst, erhalte meine Handlungskompetenz und kann Energie, Phantasie,

Kreativität nutzen, um mit entsprechender Gelassenheit auf den Bremser konstruktiv einzugehen – und auch auf seine Bedürfnisse (z.B. Sicherheit, Detailorientiertheit): »*Ich finde es gut, dass Sie hartnäckig sind. Leichtfertigkeit kann uns viel Geld kosten. Ich möchte Sie bitten, das auch projektbegleitend weiter so zu machen. Damit wir nicht unter Zeitdruck kommen, schlage ich vor, jetzt zu beginnen und dann nach einer vereinbarten Zeit mit Ihnen Rücksprache zu halten, um mögliche Fallstricke zu besprechen.*« Wenn Sie voller Ärger, Wut und Genervtheit stecken, wird es Ihnen nur schwer gelingen, so gelassen und souverän zu agieren.

Grundlegende menschliche Bedürfnisse

Fast schon ein Klassiker zur Beschreibung menschlicher Bedürfnisse ist die Maslow'sche Bedürfnispyramide, benannt nach ihrem Erfinder, dem Psychologen Abraham Maslow. Die Pyramide besteht aus fünf Stufen, auf jeder ist ein menschliches Bedürfnis angesiedelt:

Stufe 1: **Biologische und physische Grundbedürfnisse:** Essen, Trinken, Schlafen, Gesundheit, Sexualität, Wärme
Stufe 2: **Sicherheit:** Recht, Ordnung, Schutz, Stabilität, Geborgenheit, Ordnung
Stufe 3: **Beziehungen**: Freundschaft, Liebe, Nähe, Zugehörigkeit
Stufe 4: **Anerkennung**: Wahrgenommenwerden, Wertschätzung, Erfolg, Aufmerksamkeit
Stufe 5: **Selbstverwirklichung**: Talente einsetzen, Potenziale nutzen, persönliche Weiterentwicklung

Dieses eigentlich sehr simple Modell wurde nicht zuletzt deshalb zu einem viel beschriebenen und häufig genutzten Instrument, weil es die menschliche Psyche treffend widerspiegelt und verdeutlicht, dass Bedürfnisse die Triebfeder unseres Handelns sind. Es zeigt Gründe auf, warum Menschen in bestimmter Weise handeln.

Erst wenn eine Stufe sichergestellt ist, ist der Mensch bereit bzw. in der Lage, sich um das nächste Bedürfnis zu kümmern. Wer nicht weiß, wie er heute satt werden soll, für den steht eben Sicherheit nicht an erster Stelle und der nimmt vielleicht auch ein Risiko in Kauf, um z.B. an Essen zu kommen. Ist ein Bedürfnis sehr stark, wird das auf dem Stufenmodell darüber liegende (zunächst) ausgeblendet.

Maslow'sche Bedürfnispyramide

Die Spiegelgesetz-Methode

Einen Schritt weiter als nach den eigenen Bedürfnissen und denen des Gegenübers zu fragen bzw. darauf zu reagieren, so funktioniert die Spiegelgesetz-Methode.[18] Hier stoßen wir vor zu den Werten, Überzeugungen und Glaubenssätzen, die unserem Verhalten zugrunde liegen, d.h. die Faktoren, die uns motivieren oder auch demotivieren können, uns in einer bestimmten Weise zu verhalten.

Diese Methode ermöglicht es, auf wertschätzende Art die eigenen verborgenen und uns zugleich behindernden Glaubenssätze aufzuspüren, sich von ihnen zu lösen, neue hilfreiche zu finden und in letzter Konsequenz zu einem besseren Umgang mit anderen zu gelangen.

Die Grundannahme dabei geht auf den Projektionsansatzes zurück (s. S. 30 ff.): Der oder die Nervende hält uns mit dem störenden Verhalten den Spiegel vors Gesicht. Unser Ärger kann uns viel über uns selbst sagen, ist sozusagen eine »Liebesbotschaft«, sich mit sich selbst zu beschäftigen und daraus eine Lehre zu ziehen.

Hartnäckige Glaubenssätze

Glaubenssätze sind Meinungen, die unser Denken, Fühlen und Handeln prägen. Viele tragen wir schon seit unserer Kindheit in uns, sie wurden uns als Beziehungsbotschaften von Eltern, Geschwistern, Großeltern oder Freunden mit auf den Weg gegeben.[19] Unsere Glaubenssätze bestimmen, was wir uns zutrauen und was nicht.

Häufig sind es Verallgemeinerungen, die unumstößlich scheinen:

- »*Ich kann das sowieso nicht …*«
- »*Dafür bin ich zu blöd.*«
- »*Frauen können nicht …*«
- »*Männer können nicht …*«
- »*Als Frau macht man nicht …*«
- »*Ich bin nicht kreativ.*«
- »*Man darf sich nicht selber loben.*«
- »*Trau niemandem außer dir selbst.*«

usw.

Glaubenssätze sind immer mit emotionalen Reaktionen verbunden – häufig folgen aus Glaubenssätzen negative Gefühle wie

- Hoffnungslosigkeit (»*Das Ziel kann ich sowieso nicht erreichen; es hat gar keinen Sinn, es erst zu versuchen …*«)
- Hilflosigkeit (»*Das kann sein, dass das machbar ist, aber nicht für mich. Andere können das, bei mir wird es aber nicht klappen.*«)
- Wertlosigkeit (»*Ich habe kein Recht, das Ziel zu erreichen.*« »*Mir steht Erfolg nicht zu.*« »*Ich habe es nicht verdient, ein leichtes Leben zu haben.*«)

Das Fatale an Glaubenssätzen ist, dass sie sehr hartnäckig sind, weil man sie schon sehr früh und immer wieder gehört hat. Und weil sie keiner Realitätsprüfung standhalten müssen: »Sie werden in der Regel nicht hinterfragt, und gegenteilige Erfahrungen werden getilgt oder als Ausnahme deklariert. Sie sind logischen Argumenten nicht oder nur schwer zugänglich.«[20]

Andererseits geben sie auch eine gewisse Sicherheit. Dank der Glaubenssätze weiß ich (besser: glaube ich zu wissen), was »richtig« und »falsch« ist, und muss nicht immer neu entscheiden, wie ich mich zu bestimmten Dingen verhalten soll, denn »*x macht man nicht*« oder »*y ist gut*«. So hilfreich dies sein kann, führt es natürlich zu Einschränkungen. Denn nicht selten wirken diese Sätze wie eine »self-fulfilling prophecy« – eine sich selbst erfüllende Prophezeiung: Unsere Glaubenssätze prägen unsere Erwartungshaltung, so dass wir immer wieder genau den Umständen begegnen, um (unbewusst) die Bestätigung für unsere Glaubenssätze zu finden.[21] Mit anderen Worten: Wenn sich ein Selbstkonzept, also die Meinung von sich selbst, aufgrund solcher Glaubenssätze verfestigt, neigt der Mensch dazu, sich seine Erfahrungswelt selbst zu schaffen. Um am Ende zu sagen: »*Siehste, hab ichs doch gleich gewusst, dass ich das sowieso nicht kann*«, »*dass ich nicht kreativ genug bin*«, »*dass man niemandem trauen darf*«, etc.

Selbsterkenntnis und -entwicklung

Christa Kössner und Ricardo Exinger, die »Erfinder« der Spiegelgesetz-Methode, gehen davon aus, dass »sämtliche Ereignisse in unserem Leben immer nur *unsere* Überzeugungen widerspiegeln. Mit unserer Geisteshaltung schaffen wir unsere Erfahrungen.«[22]

Ob wirklich sämtliche Ereignisse davon betroffen sind oder nicht, sei dahingestellt. In jedem Fall ist die Methode dazu geeignet, die Erfahrungen mit Nervensägen zur Selbsterkenntnis und -entwicklung zu nutzen. Das Ziel dabei ist es, den positiven Wesenskern der negativen Eigenschaften zu erkennen und die Glaubenssätze, die uns das Leben schwer machen, aufzulösen. Grundlage bildet das Modell der Projektion: dass genau das, was wir anderen vorwerfen, exakt dem entspricht, was wir uns selbst versagen. Folgende vier Schritte sind zu gehen:

1. Worüber rege ich mich so auf?
2. Welcher Glaubenssatz könnte sich dahinter verbergen?
3. Diesen Glaubenssatz wertschätzen, aber dann auch aufgeben.
4. Platz für eine neue Idee, einen neuen Satz schaffen.[23]

Beispiel: Die Anzeigenverkäuferin Nicole ärgert sich über den Kollegen Schmidt, der in der Firma eine Karrierestufe nach der anderen erklimmt. In ihren Augen ist er ein eitler Selbstdarsteller. Immer begibt er sich in den Mittelpunkt, überall prahlt er angeberisch mit seinen Erfolgen. Sie findet es unerträglich, wie jemand sich nur so wichtig nehmen kann.

1. Schritt: Das Verhalten des Gegenübers (= Spiegelbildes) beschreiben

Nicole beschreibt ihr Spiegelbild (= Kollege Schmidt), denn als ein solches wird das Gegenüber, über das sie sich ärgert, nach der Spiegelgesetz-Methode gesehen. Die Beschreibung lautet also: »*Kollege Schmidt stellt sich immer in den Mittelpunkt und nimmt sich selbst wichtig, er nimmt keine Rücksicht, ob er andere stört.*«

2. Schritt: Entschlüsseln und akzeptieren

Was steckt wirklich hinter Nicoles Aussagen, welche »Liebesbotschaft« an sie selbst könnte darin verpackt sein? Um das herauszufinden, werden die genannten negativen Eigenschaften in positive übersetzt. Denn so

Kössner und Exinger: »In jeder negativ gespiegelten Eigenschaft liegt ein positiver Wesenszug von *Dir* (!) verborgen!«[24]

Damit es Nicole besser gelingt, aus den negativ besetzten Eigenschaften positive zu machen und ggf. innere Widerstände zu überwinden, ist es empfehlenswert, folgende Hilfsfrage zu stellen:

Was kann jemand besonders gut, von dem ich (Nicole) behaupte, er wäre

	Kann besonders gut	
… eitel	→	auf sich achten
… angeberisch	→	für sich werben
… rücksichtslos	→	nicht wichtig nehmen, was andere von ihm denken; sich selbst vertrauen

Die Botschaft, die darin für Nicole stecken könnte, wäre also: *»Ich will auf mich achten, ich will für mich werben, ich will nicht so wichtig nehmen, was andere von mir denken, und mehr mir selbst vertrauen – und das gestehe ich mir bislang nicht ein, das verbiete ich mir, weil ich meinem Glaubenssatz folge.«*

Wie lautet Nicoles alter Glaubenssatz? Um ihn aufzuspüren, könnte man auch hier wieder mit einer Hilfsfrage arbeiten: Was ist schlecht oder gefährlich daran, wenn jemand gut auf sich achtet, für sich wirbt, nicht so wichtig nimmt, was andere über ihn oder sie denken, sich selbst vertraut?

Nicole schreibt die alten Glaubenssätze auf Karten:

- *»Menschen, die sehr auf sich achten, sind Egoisten.*
- *Menschen, die für sich werben, sind nicht wirklich kompetent, sonst hätten sie es nicht nötig, das zu tun.*
- *Menschen, die nicht so wichtig nehmen, was andere von ihnen denken, sind eiskalt und haben keine Freunde.«*

3. Schritt: Erkennen und aufgeben

Nicole erkennt ihr Schwarz-Weiß-Denken. Sie verbrennt die Karten und entscheidet sich dafür, einen neuen Glaubenssatz zu wählen.

4. Schritt: Einen neuen Glaubenssatz finden

Der neue könnte z.B. lauten:

»Es tut mir gut, auf mich zu achten. Ich erlaube mir, für mich zu werben.«

Kössner und Exinger halten die störenden, nervigen Eigenschaften und Verhaltensweisen unserer Umgebung (und damit unserer Spiegelbilder) für eine »Liebesbotschaft« an uns selbst, ein Geschenk, weil es uns die Möglichkeit beschert, präzise uns selbst zu erkennen.

Sind Sie so mutig und probieren die vier Schritte aus? Als Spiegelbild können Sie Ihre vermeintlichen Nervensägen einsetzen, den besserwisserischen Kollegen X, die hinterhältige Kollegin Y oder den gestressten Kollegen Z (weitere Beispiele ab S. 81).

Der systemische Gedanke

Ändert sich durch den Blick nach innen das eigene Verhalten, hat dies zwangsläufig einen anderen Umgang mit dem Gegenüber zur Folge, was wiederum Einfluss nehmen wird auf sein bzw. ihr Verhalten. Das funktioniert, weil Menschen, die z.B. miteinander arbeiten, ein System bilden, in dem alle Systemteile miteinander in Verbindung stehen.

Der systemische Gedanke basiert auf der kybernetischen Erkenntnistheorie Gregory Batesons. Diese Theorie beschreibt die Gesetzmäßigkeiten von Systemen, wonach diese Netzwerke von Wechselbeziehungen sind, das heißt, jeder Teil eines Systems bestimmt die Bedingungen der anderen Teile.[25]

Wenn wir uns vorstellen, ein Kollege hält den anderen für schwierig, dann haben wir als Dreierkonstellation: 1. die Sache, 2. Person A, 3. Person B. Ändert sich ein Parameter, verändert das letztendlich die ganze Situation.

Einen amüsanten Gedanken in Sachen »System Partnerschaft« hatte ich kürzlich, als ich im Radio hörte, dass Männer einen dickeren Bauch bekommen, wenn ihre Frauen schwanger sind. Im Schnitt legen sie um die 4 Kilo zu. Wieso? Es liegt auf der Hand, die Frau stellt ihr Leben um, geht vielleicht seltener raus, hat mehr Appetit – da passt sich der Partner an und verändert sich ebenfalls.

Checkliste – das Wichtigste auf einen Blick

- ☐ Immer dann, wenn etwas drei oder mehrere Male im eigenen Leben vorkommt, steckt mit hoher Wahrscheinlichkeit ein Muster dahinter, eine unbewusste Absicht, exakt diese Erfahrung zu machen.
- ☐ Der Ärger über Nervensägen kann eine Chance sein, sich weiterzuentwickeln.
- ☐ Ursachen für den Ärger können ein schlechter Zustand, Übertragung und Projektion sein.
- ☐ Manchmal erinnern uns Menschen an Personen, mit denen wir schlechte Erfahrungen gemacht haben, und wir übertragen das unangenehme Gefühl auf das neue Gegenüber.
- ☐ Projektion ist ein Abwehrmechanismus, mit dem man Eigenschaften, Taten, Wünsche, die man sich selbst nicht erlaubt oder derer man sich schämt, bei anderen ablehnt.
- ☐ Das, was andere Menschen tun, ist niemals Ursache für das, was wir fühlen. Ärger wohnt in unserem eigenen Denken.
- ☐ Der Ärger über andere kann eine »Liebesbotschaft« an uns selbst sein, denn die negativen Eigenschaften haben einen positiven Wesenskern, den wir möglicherweise vernachlässigen.
- ☐ In einem System stehen alle Teile miteinander in Verbindung. Ändert sich ein Parameter, verändert sich das ganze System.

Sich auf die Welt anderer einlassen oder: Die Landkarte ist nicht das Gebiet

»Wir sehen die Welt nicht, wie sie ist.
Wir sehen die Welt, wie wir sind.«
Aus dem Talmud

Hat die Überschrift Verwirrung bei Ihnen ausgelöst? Was hat die Welt anderer mit der Landkarte zu tun? Wieso überhaupt Landkarte? Und was bedeutet in diesem Zusammenhang Gebiet?

Der Satz »Die Landkarte ist nicht das Gebiet« stammt von dem polnischen Mathematiker Alfred Korzybski. Er hat seine Idee anhand einer Landkarte erläutert. Eine solche Karte kann Ihnen z.B. helfen, in einer Ihnen fremden Gegend eine Stadt zu finden, doch die Karte ist eben etwas völlig anderes als der Weg selber, den Sie dann fahren.[26] Die Landkarte ist auch nur ein Abbild der Realität, aber nicht die Realität (also das Gebiet) selbst.

Oder anders ausgedrückt: Die Welt draußen bietet viel mehr, als wir wahrnehmen. Auch die Landkarte lässt wie unsere Wahrnehmung Dinge weg oder vereinfacht manches, nicht jeder Grashalm oder Stein ist z.B. abgebildet. Eine weitere Parallele zwischen Karte und menschlicher Wahrnehmung: Beide haben die Funktion, Orientierung zu geben.

Das Landkartenmodell zeigt darüber hinaus, dass der Kontakt zu anderen immer dann kompliziert wird, wenn wir davon ausgehen, dass alle die gleiche Karte nutzen und daher die Welt genauso wahrnehmen müssten, wie wir das tun. Dann sind wir höchst erstaunt bis verärgert, wenn das offensichtlich nicht der Fall ist – das äußert sich in Sätzen, die üblicherweise so beginnen: *»Wie kann jemand nur …?« »Der müsste doch sehen, dass das nicht gut ist …!« »Warum versteht die eigentlich nicht, dass …?«*

Der Haken ist: Es gibt so viele Landkarten, wie es Menschen gibt. Denn die Karten bzw. Sichtweisen entstehen durch Erziehung, Erfahrungen und Erlebnisse. Jede Karte ist individuell, weil Menschen nie über identische Erfahrungen verfügen. Und sobald wir anfangen, unsere Landkarte oder Sichtweise für die einzig wahre zu halten, sind Konflikte vorprogrammiert.

Die Aussage »Die Landkarte ist nicht das Gebiet« ist eine Grundannahme, von der auch das NLP ausgeht. NLP steht für Neurolinguistisches Programmieren und bedeutet, dass »unsere inneren Vorgänge auf der Basis von neuronalen Prozessen im Gehirn und der Verwendung von Sprache organisiert sind.«[27] Die Begründer des NLP, Richard Bandler und John Grinder, sind der Frage nachgegangen, was Kommunikation erfolgreich macht. Dazu beobachteten sie insbesondere die Arbeitsweise dreier bekannten Therapeuten: Milton Erickson (Hypnotherapie), Fritz Perls (Gestalttherapie) und Virginia Satir (Familentherapie). Bandler und Grinder wollten die Methoden, Gesetzmäßigkeiten und Strukturen dieser »Therapie-Meister« durchschaubar und für zukünftige Therapeutinnen und Therapeuten lehr- und lernbar machen. NLP ist aber nicht nur auf die Psychotherapie beschränkt, sondern wird überall da genutzt, wo es um bessere Kommunikation geht, zum Beispiel beim Coaching und im Kommunikationstraining.

Gefilterte Sinneseindrücke

Verantwortlich dafür, wie wir die Welt wahrnehmen, sind so genannte Filter. Unser Hirn sortiert aus, welche Sinneseindrücke bei uns haften bleiben und welche nicht. Wollten wir alles aufnehmen, würden wir in einer Informationsflut ertrinken. Geradezu unmöglich, die Millionen von Informationen, die über unsere Sinneskanäle auf uns einströmen, zu verarbeiten. Das Filtern ist demnach ein notwendiger Vorgang, um sich in der Welt orientieren zu können.

Der Mensch verfügt über unterschiedliche Filtersysteme:

a) individuelle, die in der eigenen Biographie durch persönliche Erfahrungen entstanden sind,
b) soziale, die sich durch unser Leben in der Gemeinschaft entwickelt haben (Werte, Tabus, Überzeugungen, Regeln, Normen),
c) neurologische, die sich durch die Funktionen und Begrenzungen der Sinne (hören, sehen, riechen, fühlen, schmecken) ergeben. So gibt es beispielsweise Dinge, die mit bloßem Auge nicht erkennbar oder mit den Ohren nicht zu hören sind.

Die Filter sorgen auch dafür, dass wir unsere Aufmerksamkeit auf die Dinge lenken, die uns interessieren oder bedeutend für uns sind, anderes wird ausgeblendet. Sicher haben Sie dieses Phänomen schon einmal bei sich beobachten können: Tragen Sie sich vielleicht mit dem Gedanken, ein neues Paar Schuhe zu kaufen? Oder erinnern Sie sich an das letzte Mal, als es so war? Dann würde es mich nicht wundern, wenn Sie daraufhin die Schuhe anderer Passanten viel aufmerksamer als sonst betrachteten.

Oder stellen Sie sich vor, eine Frau wünscht sich, schwanger zu werden, und setzt sich intensiv mit der Thematik auseinander. Bestimmt wird sie in nächster Zukunft ständig schwangere Frauen im Stadtbild entdecken, die ihr vorher nicht aufgefallen sind. Nicht weil über Nacht alle Nachwuchs erwarten, sondern weil das Thema für sie vorher nicht relevant war. Das, was dem Menschen wichtig ist, rückt in den Fokus seiner Wahrnehmung.

Perspektivwechsel

Wie kann man das Wissen um den Einfluss auf unsere Wahrnehmung und das Landkarten-Modell nun für eine besseres Miteinander nutzen?

Wichtig ist zu akzeptieren, dass andere Menschen andere Landkarten haben und sich daran orientieren. Werfen Sie doch mal einen Blick auf die Landkarte Ihres Gesprächspartners bzw. Ihrer Gesprächspartnerin. Vielleicht kann man von seiner oder ihrer Perspektive aus betrachtet manches auch ganz anders sehen, als Sie es bisher getan haben? Einen mich selbst immer wieder überraschenden Perspektivwechsel erlebe ich regelmäßig im Sommer, wenn ich beispielsweise morgens mit dem Auto unterwegs bin. Dann passiert es häufig, dass ich mich über die Fahrradfahrer ärgere, die offensichtlich noch nie etwas von bestimmten Verkehrsregeln gehört haben. Einfach schlimm! Stunden später sitze ich selber auf dem Sattel und kämpfe mich durch den Berliner Verkehr und denke: »*Unglaublich, diese Autofahrer, nehmen aber auch keine Rücksicht auf die schwächeren Verkehrsteilnehmer …!*«

Wenn Sie Ihr Gegenüber wirklich verstehen wollen und Sie trotz langen Nachdenkens nicht so recht nachvollziehen können, was sich in ihm oder ihr abspielt oder wie er oder sie die Situation zwischen Ihnen sieht, könnte folgende Übung behilflich sein, Licht ins Dunkel zu bringen:

Die Drei-Positionen-Übung ermöglicht, die Dinge aus Sicht des oder der anderen zu betrachten. Damit ist nicht gemeint, dass Sie sich komplett der Meinung Ihres Gegenübers anschließen müssen. Es geht darum, einen Perspektivwechsel vorzunehmen. Auf diese Weise können Sie Informationen sammeln, die für den Umgang mit Ihrem Gegenüber hilfreich sind.

Von Gandhi weiß man, dass er in Vorbereitung einer Verhandlung die Situation stets aus den Augen des Hindu, des Moslem und des Briten betrachtet hat. Er stellte sich nicht nur die Personen vor, er pflegte sogar deren Körperhaltung einzunehmen, um noch besser zu verstehen, wie sie »ticken«. Außerdem hat Gandhi sich angewöhnt, die angestrebten Ziele mit den Augen der Weltöffentlichkeit zu sehen – also aus der Perspektive eines Beobachters – bevor er überhaupt Vorschläge gemacht hat.[28]

Damit hat er genau das praktiziert, was in folgender Übung vorgeschlagen wird: alle drei Positionen einzunehmen, um nützliche Informationen zu sammeln und sie bei der eigenen Reaktion zu berücksichtigen.

Drei Positionen

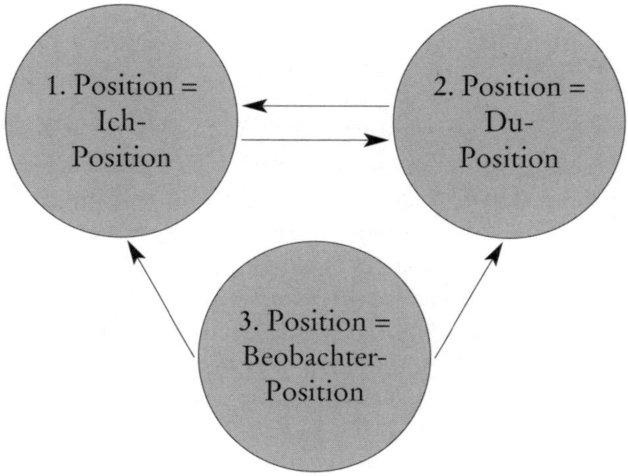

Nacheinander begeben Sie sich in drei unterschiedliche Positionen. Als Erstes in Ihre eigene. Sie sind in dem Moment völlig assoziiert, d.h., Sie nehmen die Situation subjektiv mit eigenen Wertungsmustern wahr. Danach schlüpfen Sie in die Rolle Ihres Gegenübers, in die Du-Position. Hier geht es darum, sich mit Ihrem Gegenüber, deren bzw. dessen Verhaltensweise Sie ärgert, zu identifizieren und die Welt bzw. Situation mit seinen/ihren Sinnen wahrzunehmen. Das Ziel dabei ist, die positive Absicht der vermeintlichen Nervensäge herauszufinden. Was ist mit positiver Absicht gemeint? Auch hinter dieser Formulierung verbirgt sich eine Grundannahme des NLP (s. S. 41 f.). Sie lautet: Jedes Verhalten wird durch eine positive Absicht motiviert. Diese Vorannahme stiftet oft Verwirrung oder weckt Widerspruch. Was ist an störendem Verhalten positiv?, kann man jetzt einwenden. Wenn Sie zum Beispiel destruktive Menschen fragen, was sie damit bezwecken, stellt sich in der Regel heraus, dass die eigentliche Absicht einen positiven Grundgedanken enthält – aus Sicht der oder des Handelnden. Positive Absicht meint, dass der

Mensch, dessen Verhalten Sie stört, für sich etwas Positives bezwecken will – entweder geht es darum, etwas Angenehmes zu erreichen oder etwas Unangenehmes zu vermeiden. Wenn es Ihnen nun gelingt, die positive Absicht eines anderen Menschen zu erkennen, fördert das zunächst einmal Ihr Verständnis und die Möglichkeit, in dessen Welt einzutauchen. (Später ließe sich überlegen, welche Alternativen bestehen, um die positive Absicht noch zu erreichen, ohne Schaden für andere anzurichten. Dazu mehr auf S. 46 ff.)

Schließlich geht es in die dritte Position, die Beobachter-Position. Sie nehmen eine neutrale Rolle ein, sind außerhalb des Geschehens und blicken mit Abstand auf die Situation. Diese Position ist mit der einer Regisseurin vergleichbar, die sich einen Film noch mal anschaut, um zu überprüfen, was sich verbessern lässt, und die dann auch tatsächlich Verbesserungsvorschläge macht.[29]

Sind Sie bereit für diese Übung? Dann lesen Sie im Folgenden, wie Sie Schritt für Schritt durch alle drei Positionen gehen:

Übung: Drei Positionen

Denken Sie zunächst an eine besonders einschneidende Situation mit einer Nervensäge. Wählen Sie einen Platz im Raum für sich, einen für die 2. Position und einen für eine Beobachtungsposition.

1. Position = Ich-Position
Stellen Sie sich vor, Sie erleben diese Situation noch einmal.

Wo haben Sie gesessen oder gestanden? Was haben Sie gesehen? Was haben Sie gefühlt? Was gehört? Wer hat was gesagt? Gab es andere Geräusche? Nehmen Sie ganz aufmerksam noch einmal alles auf, was wahrzunehmen ist.

Beschreiben Sie, was Sie registrieren, auch wie Sie den anderen oder die andere wahrnehmen. Es sind durchaus Bewertungen erlaubt, z.B.: *»Die nimmt sich wichtig«; »Er ist rücksichtslos.«*

Lassen Sie diese Erinnerung nachwirken, gehen Sie aus dieser Position raus. Atmen Sie kräftig durch, vielleicht bewegen Sie sich ein bisschen und machen sich bereit für die nächste Position.

2. Position = Du-Position
Nehmen Sie den Platz der anderen Person ein. Schlüpfen Sie in ihre Rolle, vielleicht übernehmen Sie auch deren Körperhaltung. Wie saß

oder stand die andere Person da? Ahmen Sie alles nach, um der Rolle so nah wie möglich zu kommen. Beschreiben Sie aus dieser Sicht das Gegenüber (nämlich Sie in der 1. Position). *»Er bzw. sie sagt …«, »er/sie macht …«, »er/sie will«*. Wie fühlt es sich an, in dieser Position zu sein? Was sehen Sie? Wie sehen Sie Ihr Gegenüber? Was nehmen Sie noch wahr? Was hören Sie? Und wenn Sie ganz intensiv die Rolle erfasst haben, dann fragen Sie sich: Was ist die positive Absicht meines Verhaltens (also des Verhaltens dieser Person, in deren Rolle Sie jetzt geschlüpft sind)? Was gibt es Ihnen, xy zu sein bzw. zu machen?

Lassen Sie alle Eindrücke nachwirken und verlassen Sie auch diese Position.

Unterbrechen Sie kurz den Prozess, machen Sie etwas, was Ihnen jetzt gut tun könnte (sich bewegen, etwas trinken etc.), um dann anschließend in die dritte Position, die Beobachterposition, zu gehen.

3. Position = Beobachter-Position
Hier haben Sie eine neutrale Rolle. Mit Abstand betrachten Sie sachlich und emotionslos die Kommunikation der beiden Partner/-innen. Beschreiben Sie, was Ihnen auffällt. Welche Tipps können Sie sich selbst für die erste Position geben?

1. Position = Ich-Position
Abschließend begeben Sie sich erneut in die Ausgangsposition und probieren aus, wie Sie die Tipps, die Sie aus der Metaposition bekommen haben, umsetzen können. Testen Sie, wie sich die Veränderungen auswirken. Was ist jetzt anders?

Sie können den Prozess auch mehrfach durchlaufen, um weitere Informationen zu sammeln und um herauszufinden, welche Möglichkeiten der Verhaltensveränderung bestehen.[30]

Statt »entweder-oder« besser »sowohl-als-auch«

Um zu einem besseren Miteinander zu gelangen, sollten Sie Streitereien darüber vermeiden, wessen Landkarte besser oder schlechter, richtig oder falsch ist. Hier gibt es kein »Entweder-oder«, nur ein »Sowohl-als-auch«. Die Landkarte des bzw. der anderen hat ihre Berechtigung genauso wie Ihre.

Denken Sie immer daran, dass Ihr Gegenüber – wie zuvor erwähnt –

eine positive Absicht verfolgt, sonst würde er oder sie nicht so handeln. »Wenn Sie einen anderen Menschen verstehen wollen, wenn Sie seine Ziele und Absichten nachvollziehen möchten, kann Ihnen der Denkansatz helfen, dass hinter jedem Verhalten ein Nutzen steckt. Absichtsfindung wird so zur Nutzensuche.«[31]

Vielleicht ist die positive Absicht eines Bedenkenträgers sein Sicherheitsbedürfnis; bei der Leidenden könnte der Wunsch, Aufmerksamkeit oder Anteilnahme zu erfahren, das Motiv sein; bei einem Aggressiven möglicherweise die Abwehr von Angst.

Ganz offensichtlich wird mit dem Verhalten – über das Sie sich ärgern – genau das Ziel erreicht, das Ihr Gegenüber verfolgt. Wäre dies nicht der Fall, hätte sie oder er längst aufgegeben.

Damit stellen sich folgende grundsätzliche Fragen im Umgang mit Nervensägen:

- Welche Absicht verbirgt sich dahinter?
- Wie tragen Sie (immer wieder?) dazu bei, das Verhalten aufrechtzuerhalten?
- Was ließe sich stattdessen tun, um die positive Absicht trotzdem zu erfüllen bzw. den Nutzen herzustellen (dazu mehr ab S. 49 ff.)?

Nutzen Sie alle Gelegenheiten, Ihre eigene Landkarte zu erweitern. Damit erreichen Sie auch eine Erweiterung Ihrer Wahlmöglichkeiten und Handlungsspielräume. Denn: Menschen treffen innerhalb ihres Modells von der Welt grundsätzlich die beste ihnen subjektiv mögliche Wahl. Hätten sie andere Möglichkeiten, würden sie vieles nicht tun, was als negativ bewertet wird. Die Idee, die hinter dieser weiteren NLP-Grundannahme steckt, ist, dass »ein Mensch mehr Freiheit erleben kann, je mehr Wahlmöglichkeiten er zur Verfügung hat.«[32]

Zugespitzt könnte man auch sagen: »Wenn Sie nur eine Möglichkeit kennen, etwas zu tun, sind Sie ein Roboter. Kennen Sie nur zwei Möglichkeiten, so befinden Sie sich in einem Dilemma. Nur wenn Sie mindestens drei Möglichkeiten kennen, eine bestimmte Sache zu tun, können Sie wirklich wählen.«[33]

Warum erzähle ich Ihnen das so ausführlich? Weil es im Folgenden um die Erweiterung Ihrer Wahlmöglichkeiten im Umgang mit Nervensägen geht. Konkret gibt es im folgenden Kapitel Antworten auf Fragen wie:

- Was können Sie tun, wenn Sie mit Zeitgenossen zu tun haben, die Ihnen das Leben schwer machen?

- Wie können Sie reagieren?
- Vor allem: Wie können Sie anders als bisher reagieren? Denn das wollen Sie wahrscheinlich, sonst hätten Sie wohl kaum zu dem Buch gegriffen. Und Sie haben vollkommen Recht: Wenn man immer wieder zu unbefriedigenden Ergebnissen gelangt, sollte das ein Anlass sein, die Strategie zu verändern.

Die Maxime lautet: Wenn etwas nicht funktioniert, tue etwas anderes.

Checkliste – das Wichtigste auf einen Blick

- ☐ Die Landkarte ist nicht das Gebiet – die Welt draußen bietet viel mehr, als wir wahrnehmen.
- ☐ Der Kontakt zu anderen wird immer dann kompliziert, wenn wir davon ausgehen, dass alle Menschen die gleiche Landkarte nutzen wie wir.
- ☐ Filter sind verantwortlich dafür, wie wir die Welt wahrnehmen, und sind notwendig, um uns vor Informationsüberflutung zu schützen.
- ☐ Vermeiden Sie Streitereien darüber, wessen Landkarte besser ist. Es gibt kein »Entweder-oder«, nur ein »Sowohl-als-auch«.
- ☐ Je mehr Freiheit ein Mensch erlebt, desto mehr Wahlmöglichkeiten hat er.

Das Gegenüber wahrnehmen und verstehen (wollen)

»Großer Geist, hilf mir,
dass ich niemand richte,
ehe ich nicht einen halben Mond lang
in seinen Mokassins gegangen bin.«
Indianisches Gebet

Ulf Tietze ist auf dem Weg zur Arbeit. Wenn er nur an den blöden Mathiesen denkt, mit dem er sich neuerdings ein Büro teilen muss, wird ihm ganz anders. »*Richtig ansteckend, die schlechte Laune von dem. Ach, wie schön waren doch die Zeiten, als ich allein ein Büro für mich hatte*«, denkt Ulf Tietze. »*Ich konnte mich auf meine Arbeit konzentrieren. Aber jetzt? Der Mathiesen jammert den ganzen Tag. Immer ist er gestresst, alles ist ihm zu viel. Man wagt gar nicht, ihn mal um irgendwas zu bitten. Der hat seine Arbeit einfach nicht im Griff. Total überfordert. Soviel ich weiß, wurde der in unsere Abteilung ja auch notversetzt. Woanders konnten sie den auch nicht gebrauchen. Wundert mich nicht, so langsam wie der arbeitet. Heute sage ich dem mal, dass ich das Gejammer nicht mehr hören kann.*« Ulf Tietze betritt das Büro und legt los: »*Herr Mathiesen, Folgendes …*«

Wie schätzen Sie die Aussichten ein, dass dies ein gutes Gespräch wird? Sie wenden ein, das könne man nicht sagen, schließlich wüssten wir doch gar nicht, welche Worte Herr Tietze wählt? Stimmt, das wissen wir nicht. Was wir aber recht genau wissen, ist, welche innere Haltung Ulf Tietze – gewählt – hat. Und die bestimmt ganz wesentlich die Atmosphäre, den Verlauf und den Ausgang des Gesprächs.

Alles eine Frage der Wertschätzung

Um es klar zu sagen: Tietze hält wenig von dem Kollegen, und vor dem Gespräch führt er auch noch mal alles auf, was gegen ihn spricht. Er zimmert sich ein Bild zurecht, oder um es wissenschaftlicher auszudrücken: Er ist dabei, sich sein Bild von der Welt zu konstruieren, und legt damit den Grundstein für sein weiteres Verhalten gegenüber dem Kollegen Mathiesen. »Mein Verhalten dem anderen gegenüber hängt also in starkem Maße davon ab, welches Bild ich mir von ihm gemacht habe. Halte ich ihn für einen Teufel, werde ich ihn anders behandeln, als wenn ich meine, den Engel des Herrn vor mir zu haben«[34], formuliert es Schulz von Thun.

Jetzt kann man dagegenhalten: Dem Tietze geht's gar nicht um eine Lösung, der will nur mal seinen Ärger loswerden. Okay, das ist ihm möglicherweise gelungen. Die Frage ist nur, wie nachhaltig diese Strategie ist. Was hat Ulf Tietze auf Dauer davon? Ich habe ausführlich darauf hingewiesen, dass man andere nicht ändern kann, aber wir können Angebote machen: ihnen den Mantel hinhalten, in den sie hineinschlüpfen können. Und zum Mantelhinhalten gehört ein erster Schritt: die Wertschätzung, jenes Bedürfnis, das für Menschen so wesentlich ist (siehe Maslows Pyramide, S. 35).

Ich könnte ja denken: *»Soll er doch selber die Garderobe durchsuchen, irgendwo wird der Mantel schon hängen. Schließlich habe ich ihm das schon x-mal gesagt.«* Alternative: Ich nehme den Mantel, werfe ihm das Stück entgegen und fordere ihn auf: *»Nun ziehen Sie den doch endlich an. Kapieren Sie nicht, dass das der richtige Mantel ist?«* Dritte Möglichkeit: Ich suche das passende Stück heraus und halte es ihm passgenau hin. Sagen Sie selbst: Ist das nicht viel verlockender, wenn man nur noch hineinschlüpfen muss und sich nicht mühsam auf die Suche begeben muss? Mit Sicherheit ist dieser Weg viel angenehmer und ohne Gesichtsverlust möglich, was man von den anderen Alternativen nicht behaupten kann.

Fazit: Machen Sie es Ihrem Gegenüber so leicht wie möglich, Ihren Vorschlägen und Angeboten zu folgen, und begegnen Sie ihm mit der entsprechenden Wertschätzung und Respekt.

»Ich bin o.k. – du bist o.k.« – Trennung von Person und Verhalten

Respekt erweisen Sie, indem Sie die Individualität und damit auch die Unterschiedlichkeit Ihres Gegenüber akzeptieren. In der Psychologie gibt es dafür eine einfache Formel: »Ich bin o.k. – du bist o.k.«, die zugleich eine Lebensanschauung repräsentiert. Menschen mit dieser Einstellung können aller Wahrscheinlichkeit nach Probleme miteinander konstruktiv lösen. Wer die Haltung »Ich bin o.k. – du bist o.k.« hat, signalisiert auch nonverbal: Ich akzeptiere dich als Person, selbst wenn ich Schwierigkeiten mit deinem Verhalten habe. Das berührt aber nicht meinen Respekt für dich.

Der amerikanische Psychiater Dr. Eric Berne ist überzeugt, dass wir aus innerer Einsicht uns bewusst für diese Haltung entscheiden können. Berne hat die so genannte Transaktionsanalyse entwickelt – eine Theorie der menschlichen Persönlichkeit, der zwischenmenschlichen Beziehung und Kommunikation.[35]

Neben der Haltung »Ich bin o.k. – du bist o.k.« hat Berne drei weitere Grundpositionen beobachtet.

1. »Ich bin o.k. – du bist nicht o.k.«
Hat ein Kommunikationspartner oder eine Kommunikationspartnerin diese Einstellung, wird er oder sie zum Ausdruck bringen, selbst alles richtig zu machen, das Gegenüber aber nicht. Wenn etwas schief läuft, ist im Zweifelsfall der/die andere schuld. Hier ist ein Mensch von sich stark überzeugt, das Gegenüber wird abgewertet.

2. »Ich bin nicht o.k. – du bist o.k.«
»Asche auf mein Haupt – du bist mir sowieso überlegen. Am besten sagst du, wo es langgeht.« All das steckt in dieser Position, der ein Minderwertigkeitsproblem zugrunde liegt. *»Ich bin weniger wertvoll als mein Gegenüber«*, wird damit zum Ausdruck gebracht.

3. »Ich bin nicht o.k. – du bist nicht o.k.«
»Hat es überhaupt einen Sinn, noch irgendwas zu versuchen? Das bringt doch nichts, ich kriege das nicht hin, und du bist auch nicht geeignet, irgendetwas zu erreichen …« Diese Haltung signalisiert absolute Perspektivlosigkeit und Lethargie.

Wenn Sie sich noch einmal an das Beispiel von Ulf Tietze erinnern. Welche innere Haltung kommt durch sein Selbstgespräch zum Ausdruck? Er denkt: »Ich bin o.k. – du bist nicht o.k.« und hält sich für besser, wertet sein Gegenüber ab und spricht aus der vermeintlich erhabenen Position. Hier gibt es kein Miteinander. Es liegt auf der Hand, dass beim Gegenüber alles andere als Sympathiegefühle aufkommen bzw. sich eine Bereitschaft entwickeln könnte, Ulf Tietze aufmerksam zuzuhören oder gar zu überlegen: *»Vielleicht hat der Tietze Recht, ich sollte etwas ändern.«* Ulf Tietzes Haltung beschwört geradezu Abwehr herauf.

Lob und Anerkennung zeigen

Was bedeutet das für Sie im Umgang mit aus Ihrer Sicht nervigen Zeitgenossinnen und Zeitgenossen? Überprüfen Sie Ihre innere Haltung. Lernen Sie zu unterscheiden zwischen dem Menschen und seinem Verhalten. Sie können ein Verhalten ablehnen, sich darüber ärgern, es auch thematisieren. Ihren Respekt für die Person sollten Sie dabei aber immer aufrechterhalten.

Menschen brauchen die Sicherheit, als Persönlichkeit geachtet und akzeptiert zu werden, und wollen die Bestätigung erhalten, dass sie gemocht werden. Auch wenn es manchen Menschen peinlich ist, gelobt zu werden oder eine andere Form von Anerkennung zu erhalten, sehnen sich doch sehr viele Menschen danach – Anerkennung wurde auch von Maslow als grundlegendes Bedürfnis definiert.

In meinen Seminaren und den Coachingsitzungen berichten Klientinnen und Klienten immer wieder davon, wie wenig Wertschätzung, Anerkennung und Lob sie an ihrem Arbeitsplatz erhalten und wie sehr sie darunter leiden: »*Machst du einen Fehler, wird ewig darauf herumgeritten. Machst du alles richtig, ist es nicht der Rede wert. Ist ja dein Job …*«, hat einmal ein Angestellter einer Computerfirma seine Erfahrung zusammengefasst. Vielleicht überlegen Sie bei der Gelegenheit, wie Sie Ihren Kolleginnen und Kollegen und auch anderen Menschen in Ihrem Umfeld Ihre Wertschätzung ausdrücken können. Wann haben Sie das letzte Mal gelobt?

Mit Wertschätzung verleihen Sie Ihrer Beziehung eine besondere Qualität. Es entsteht ein Gefühl von Verbundenheit und damit eine Basis, von der aus Sie auch schwierigere Wege (z.B. Kritikgespräche) mit Aussicht auf Erfolg gehen können.

Sie sagen sich möglicherweise: »*Wertschätzung ist wichtig, das sehe ich ein. Nur wenn ich mir konkret den Kollegen Heppner oder die Kollegin Krause dabei vorstelle, dann fällt es mir schwer, mich nicht von den negativen Gefühlen überwältigen zu lassen und stattdessen zwischen Person und Verhalten zu unterscheiden.*« Um genau das zu trainieren, möchte ich Sie zu der folgenden Übung einladen:

Übung: Lobhudelei[36]

- Denken Sie an die betreffende Person, deren Verhalten Sie immer wieder auf die Palme bringt und von der Sie nur zu leicht sagen: »*Die ist so blöd, die nervt mich.*« Sie benötigen Papier, einen Stift und – zugegebenermaßen – ein wenig Überwindung (ich spreche aus eigener Erfahrung …). Nehmen Sie sich einmal Zeit, alle positiven Eigenschaften, Leistungen, Verdienste, Talente, Erfolge dieses Menschen aufzuschreiben.
- Gucken Sie bewusst durch die rosarote Brille auf diese Person und listen Sie alles auf, was Ihnen einfällt. Stellen Sie sich vielleicht vor, Sie sollen eine Laudatio auf diese Person halten. Fällt Ihnen ad hoc gar nichts oder wenig ein, dann geben Sie sich für diese Übung noch

ein wenig mehr Zeit und beobachten mal den Kollegen oder die Kollegin eine Woche lang intensiv, immer mit der Fragestellung im Kopf: Welche positiven Aspekte gibt es zu entdecken?

- Haben Sie einiges aufgeschrieben, dann überprüfen Sie anhand Ihrer Liste, welche Punkte Sie der Person schon einmal persönlich gesagt bzw. zu spüren gegeben haben. Nur ein paar, kaum welche, gar keine? Ist es nicht mal an der Zeit, mehr in Sachen Wertschätzung gegenüber der Kollegin/dem Kollegen zu tun?
- Achten Sie darauf, wie Sie das Feedback geben. Beschränken Sie sich auf das, was Ihnen positiv aufgefallen ist. Und zwar auf etwas, von dem Sie wirklich überzeugt sind, dass das z.B. eine gute Leistung war oder eine positiv hervorzuhebende Eigenschaft. Machen Sie Ihr Lob nicht durch eine einschränkende »Aber-Formulierung« wieder zunichte wie: *»Das war ja ganz gut, wie Sie den Vortrag da gestern gehalten haben, aber Sie sollten mehr auf xy achten.«* Sagen Sie stattdessen: *»Mir hat gut gefallen, wie Sie unser Projekt präsentiert haben, sachlich und interessant zugleich. Mein Kompliment.«* Oder: *»Ich finde klasse, wie schnell Sie den Bericht bearbeitet habe. Danke Ihnen.«*

Wertschätzung drückt sich nicht nur verbal aus, sondern kommt auch über Mimik, Gestik, Betonung, Körperhaltung zum Ausdruck. Selbst wenn Ulf Tietze in dem Gespräch »neutrale« Worte benutzt hat, wird seine negative *Haltung* klar geworden sein. Ob Wertschätzung da ist, dafür haben wir Menschen ein feines Gespür. Denken wir an die Worte des Kommunikationsexperten Paul Watzlawick: »Man kann nicht nicht kommunizieren.« Selbst schweigend können wir jede Menge kundtun.

Rapport herstellen

Haben Sie mal zwei enge Freundinnen beobachtet, die in ein Gespräch vertieft sind und sich offensichtlich angeregt unterhalten? Woran kann man von außen erkennen, dass sie sich gut verstehen, auf gleicher Wellenlänge funken? Dies wird zum Beispiel an der Körperhaltung sichtbar. Menschen, die in gutem Kontakt miteinander sind, der Fachausdruck hierfür heißt Rapport, tendieren dazu, sich gegenseitig zu spiegeln, indem sie sich in Körperhaltung, Gestik und Augenkontakt einander angleichen. »Um Rapport herzustellen, nehmen Sie Teil am Tanz der anderen Person, indem Sie sich einfühlsam und mit Respekt an ihre Körpersprache anpassen.«[37]

Sich auf andere einzulassen, ist ein Ausdruck von Sympathie. Menschen mögen Personen, die ihnen das Gefühl vermitteln, ihnen ähnlich zu sein. Parallelen wecken Sympathie. Kennen Sie das auch: Sie lernen auf einer Party jemanden kennen und im Gespräch stellt sich heraus, dass der andere denselben Lieblingsautor hat wie Sie. Oder Sie erfahren, dass jemand als Austauschschülerin dieselbe Highschool wie Sie besucht hat. Ich weiß von einer Kollegin, die zu einem Vorstellungsgespräch eingeladen war und im Lebenslauf als Hobby »italienisch kochen« angegeben hatte. Hinterher erzählte sie, dass sie noch nie ein so entspanntes und angenehmes Jobinterview gehabt hatte. Der Personalchef sprach kurz mit ihr über ihre beruflichen Kompetenzen und sage und schreibe 20 Minuten über ihr Hobby. Des Rätsels Lösung: Er hatte die Leidenschaft Kochen gerade für sich selbst entdeckt, und so kamen sie von Rezepten auf Kochsendungen im TV bis hin zu geeignetem Kochgeschirr … Ihr wurde übrigens die Stelle angeboten.

Im Englischen gibt es ein Wortspiel, dass Menschen, die sich ähnlich sind, einander mögen: »When people are like each other, they like each other.«[38]

Sympathie, Gefühl, Stimmung sind wichtige Faktoren – auch im Berufsleben, in dem es ja scheinbar immer ganz sachlich zugeht. So hat eine Befragung des Büroartikelherstellers Leitz ergeben, dass für 71 Prozent der Angestellten das Verhältnis zu den Kolleginnen und Kollegen das entscheidende Kriterium für ein gutes Betriebsklima ist. Erst auf Rang zwei folgt das Gehalt.[39] Andere Untersuchungen haben gezeigt, dass 83 Prozent aller Verkaufsabschlüsse zustande kommen, weil der Kunde bzw. die Kundin den Verkäufer oder die Verkäuferin sympathisch findet.[40]

Wie kann man Rapport bewusst herstellen? Eine wichtige Voraussetzung habe ich bereits ausführlich behandelt: die innere Haltung. Wenn ich mich nicht für überlegen oder sogar wertvoller halte, sondern »Ich bin o.k. – du bist o.k.« denke, dann ist die wichtigste Voraussetzung gegeben, dass beim Gegenüber der Eindruck entsteht: Wir sind auf einer Ebene. Dann kann die Kommunikation auf gleicher Augenhöhe laufen.

Sie stellen darüber hinaus Rapport her, indem Sie …

… würdigen, was Ihr Gegenüber sagt, also sein Weltbild respektieren (ohne es zwangsläufig teilen zu müssen)
… Interesse und Verständnis zeigen für die Dinge und Themen, die dem/der anderen wichtig sind

… Ihr Gegenüber spiegeln

- Nehmen Sie eine ähnliche Körperhaltung ein.
- Kommunizieren Sie auch räumlich auf gleicher (Augen-)Höhe (beide sitzen oder stehen).
- Passen Sie sich im Rhythmus, in der Lautstärke und der Geschwindigkeit beim Sprechen an.
- Benutzen Sie gleiche oder ähnliche Wörter.
- Präsentieren Sie ein ähnliches äußeres Erscheinungsbild.

Aber Achtung: Es geht hier nicht um Nachäffen. Das Ziel liegt darin, die Welt des anderen zu betreten, um möglichst deutlich nachzuempfinden, wie er oder sie die Situation erlebt. Wenn Sie Rapport herstellen wollen, die innere Haltung dazu aber fehlt oder Sie es schlicht als Manipulationsmittel einsetzen, wird es sehr wahrscheinlich vom Gegenüber als falsches Spiel enttarnt. Dafür haben Menschen ein sehr feines Gespür. Es geht also um ein ehrliches Sich-Einlassen auf den Gesprächspartner und die Gesprächspartnerin.

Hält der Rapport eine Weile an und sind beide gerade »in Schwingung miteinander«, dann ist die Bereitschaft des oder der anderen größer, Ihnen zu folgen im Sinne von: offen sein für Vorschläge, kritische Worte und für Veränderungswünsche.

Der gute Zustand

Rapport herzustellen verfolgt auch das Ziel, die andere Person in einen guten Zustand zu versetzen – ausgehend von der Erkenntnis: Wenn Menschen sich wohl fühlen, sind sie eher bereit, sich zu öffnen, zu kooperieren und auch Kritisches anzunehmen.

Sie wissen selbst, dass Ihr Entgegenkommen weitaus größer ist, wenn Sie sich ernst genommen fühlen. Behandelt man Sie hingegen respektlos und geringschätzig, können Sie, eben noch »die gute Laune in Person«, plötzlich zum kleinkarierten Pedanten mutieren, oder?[41]

Wie hilfreich ein guter Zustand des Gegenübers auch beim Verkünden schlechter Nachrichten ist, wissen schon Kinder. Um die nicht so tolle Mathenote zu beichten, gilt es abzuwarten, bis der geeignete Zeitpunkt gekommen ist. In einer Kaffeewerbung wird mit diesem Motiv gespielt: Ein kleiner Junge bereitet seinem Vater den Lieblingskaffee, beschreibt den Genuss mit eindrucksvollen Worten, fächelt dem Vater den angenehmen Duft des Kaffees zu, und im höchsten Entspannungszustand wird die schlechte Arbeit dem Vater vorgelegt. Der dann nur noch schmunzelt. Okay, in der Realität mag es nicht immer ganz so glatt laufen, aber das Prinzip ist dasselbe.

Von wem ist man überhaupt bereit, Kritik anzunehmen? Von jemandem, der deutlich macht, dass er die Weisheit gepachtet hat, der bestimmt, was richtig und was falsch ist? Von einem, der wie ein Oberlehrer mit seinem Schüler von oben herab spricht: ich der Wissende, du der Dumme? Oder nimmt man eher etwas an von jemandem, der zum Ausdruck bringt, dass er sein Gegenüber akzeptiert und wertschätzt, der von gleich zu gleich kommuniziert und der lediglich mit einem bestimmten Verhalten seine Schwierigkeiten hat? Die Antwort erübrigt sich wohl.

Kritik zu ertragen ist immer schwer (siehe auch Kapitel: Warum Umerziehungsversuche nichts bringen). Wenn allerdings der oder die Kritisierende versteht, Rapport herzustellen, bei der die Chemie stimmt (oder auch Physik – weil sie sich nicht nur riechen können, sondern sogar miteinander schwingen?), schlüpft man viel müheloser in den hingehaltenen Mantel.

Checkliste – das Wichtigste auf einen Blick

- ☐ Das Verhalten anderen gegenüber hängt davon ab, welches Bild man sich von ihnen gemacht hat.
- ☐ Begegnen Sie Ihrem Gegenüber mit Wertschätzung und Respekt und machen Sie es ihm oder ihr so leicht wie möglich, Ihren Angeboten und Vorschlägen zu folgen.
- ☐ Mit der Einstellung »Ich bin o.k. – du bist o.k.« ist die Wahrscheinlichkeit groß, Probleme konstruktiv lösen zu können.
- ☐ Lernen Sie zu unterscheiden zwischen dem Menschen und dem Verhalten. Sie können ein Verhalten ablehnen, den Respekt für die Person sollten Sie aufrechterhalten.
- ☐ Rapport verhilft auch dazu, die andere Person in einen guten Zustand zu versetzen und sie für kritische Worte zu öffnen.

Die Aussage hinter der Aussage oder: Was uns das Gegenüber eigentlich sagen will

»Der Widerspruch zwischen dem,
was gesagt wird, und dem,
was gemeint ist, ist sehr groß.
Man muss ihn herausfinden.«
Friedrich Ebeling,
Konzernmanager

Wertschätzung und Rapport sind, wie zuvor beschrieben, wesentliche Grundlage, um überhaupt eine Bereitschaft zu erzielen, den Worten zu lauschen. Nun kommt es darauf an, *was* und *wie* es gesagt wird. Um dabei nicht gleich Widerstände zu provozieren, ist es empfehlenswert, sich einen Moment Zeit zu nehmen und zu überlegen: Was steckt eigentlich hinter den Worten, die mein Gegenüber sagt?

Idealerweise verläuft Kommunikation so: Jemand (Sender/-in) sagt etwas und das Gegenüber (Empfänger/-in) versteht die Aussage genau so, wie sie gemeint war. Die Gesprächspartner/-innen teilen ein mehr oder weniger gemeinsames Sprachwissen (= sprachlicher Code) und auch ein so genanntes Weltwissen. Damit sind Vorstellungen über bestimmte Sachverhalte, Werte, Erfahrungen gemeint. Aufgrund dieses gemeinsamen Wissens (Zeichenvorrat) ist es überhaupt möglich zu verstehen, was der oder die andere gemeint haben könnte. Allerdings ist dieser Zeichenvorrat, also das gemeinsame Wissen, nicht absolut deckungsgleich, schließlich haben die einzelnen Personen unterschiedliche Erfahrungen

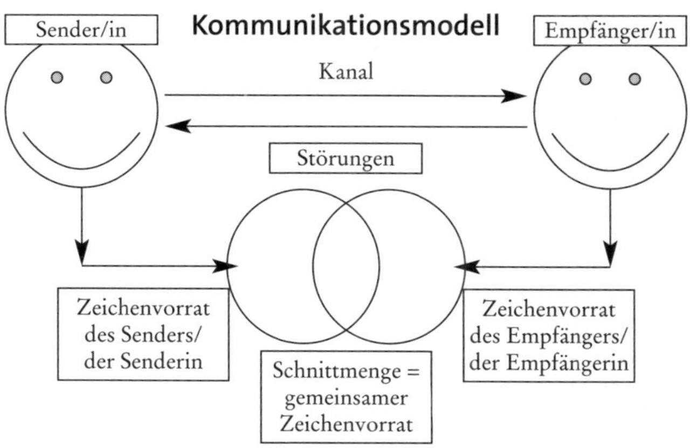

gemacht, haben andere Wertvorstellungen etc. (Stichwort Landkarte, S. 41 ff.). Daher sind es meist nur Teile, gewissermaßen Schnittmengen, die die Sprecher/-innen miteinander teilen, wie das Modell auf Seite 57 zeigt.

Je größer diese Schnittmengen, desto höher die Wahrscheinlichkeit, dass die Kommunikation ideal verläuft. Wenn sie sehr klein sind, werden die Teilnehmerinnen und Teilnehmer einer Kommunikation die gegenseitigen Äußerungen ganz unterschiedlich deuten.[42]

Eine Nachricht enthält viele Botschaften

Schulz von Thun erkannte, dass »ein und dieselbe Nachricht stets viele Botschaften gleichzeitig enthält«.[43] Auch das macht das Miteinander manchmal so kompliziert und führt dazu, dass es zu Missverständnissen oder Konflikten kommt. Er unterscheidet zwischen vier Seiten, die eine Nachricht enthält:

1. **Sachinhalt** (= worüber ich informiere)
2. **Selbstoffenbarung** (= was ich von mir selbst kundgebe)
3. **Beziehung** (= was ich von meinem Gegenüber halte und wie wir zueinander stehen)
4. **Appell** (= wozu ich mein Gegenüber veranlassen möchte)

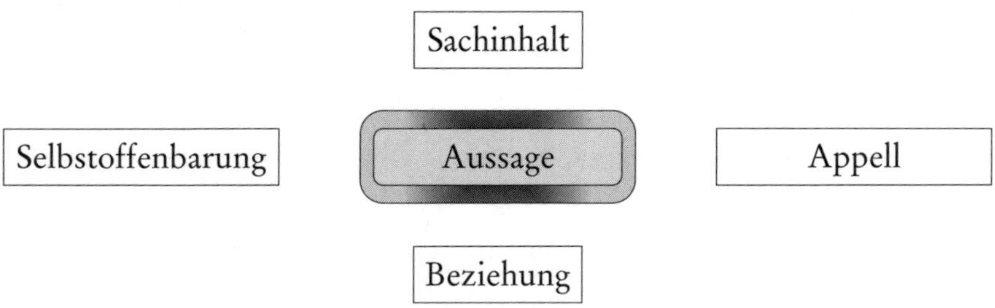

An einem einfachen Beispiel wird deutlich, was der Kommunikationsexperte damit meint: Stellen Sie sich vor, es ist kurz vor 14 Uhr und Ihre Kollegin sagt Folgendes zu Ihnen: »*Es ist fast 2 Uhr. Die Kantine macht gleich zu.*«

Die vier Aspekte der Aussage lassen sich folgendermaßen beschreiben:

1. **Sachinhalt**: Sie sagt Ihnen, wie spät es ist und dass die Kantine gleich schließen wird.

2. **Selbstoffenbarung**: Ihre Kollegin zeigt, dass sie die Zeit im Blick hat. Vielleicht hat sie schlicht Hunger und befürchtet, zu spät zu kommen. Möglicherweise ärgert sie sich, dass sie so viel Arbeit hat und es somit nicht schafft, rechtzeitig in die Kantine zu kommen.
3. **Beziehung**: Vielleicht weiß sie, dass Sie immer mal wieder die Zeit vergessen, und möchte Sie daran erinnern, dass die Kantine bald schließt, weil es schon fast 14 Uhr ist.
4. **Appell**: Möglicherweise steckt hinter der Aussage der Appell: *»Mach eine Pause, sonst stehst du vor verschlossenen Türen.«* Oder: Ihre Kollegin möchte Sie dazu veranlassen, ihr doch »die Erlaubnis« zum Pausemachen zu geben. Damit Sie vielleicht so reagieren: *»Was, so spät? Dann geh mal schnell, wenn du noch was essen möchtest!«*

Sie können es nicht verhindern: Sie senden immer auf allen vier »Kanälen«. Allein schon durch die Worte, aber natürlich auch durch die Art und Weise, wie Sie sprechen (der Ton macht die Musik), durch die Mimik, Gestik und Körperhaltung wirken Sie auf den Adressaten bzw. die Adressatin ein.[44]

Die Selbstoffenbarungsseite

Inwieweit lässt sich dieses Modell auf den Umgang mit schwierigen Zeitgenossen übertragen? Wenn es Ihnen gelingt, verstärkt auf die Selbstoffenbarungsseite des Gegenübers zu hören, können Sie gelassener, überlegter und auch konstruktiver reagieren. Hört man hingegen verstärkt die Beziehungsbotschaft heraus (was hält der/die andere von mir) und bezieht das Gesagte nur auf sich, neigt man eher zu emotionalen Reaktionen.[45]

Dazu ein Beispiel aus dem Büroalltag: Zwei Kollegen im Büro. Holger Becker soll auf Anweisung der Chefin den Kollegen Klaus Dietrich bei einem Projekt unterstützen, weil die Abteilung sonst in Zeitverzug gerät. Kollege Becker versucht sich in den Vorgang einzuarbeiten. Klaus Dietrich ist konzentriert bei der Arbeit, zum wiederholten Male unterbricht ihn Holger Becker: *»Das kann doch kein Mensch lesen. Was soll das heißen? Ich komme hier nicht zurecht; da findet man ja nicht durch.«*

Klaus Dietrich: *»Bevor Sie mich dauernd unterbrechen, bemühen Sie sich doch erst mal, sich in den Vorgang einzuarbeiten.«*

Holger Becker: *»Sie haben gut reden. Sie sitzen ja schon seit Wochen in aller Ruhe dabei.«*

Klaus Dietrich: *»Was soll das denn heißen, in aller Ruhe dabei. Wollen Sie damit sagen, dass ich rumgetrödelt habe …?!«*

Der Streit eskaliert. An konstruktive (Zusammen-)Arbeit ist nicht mehr zu denken.

Was ist hier geschehen? Wie hätte man diese Auseinandersetzung in eine andere Richtung lenken können? Hätte Klaus Dietrich anders reagieren können/sollen?

Wenn wir nach dem eben vorgestellten 4-Ebenen-Modell die Aussagen beleuchten, dann stellt sich zunächst die Frage:

- Was wollte der Kollege erreichen, welcher Appell steckte dahinter? Er wollte offensichtlich, dass Klaus Dietrich ihn unterstützt. Der Appell lautet also: *»Hilf mir«*.

- Was drückt Holger Becker damit über sich, über seine Befindlichkeit aus?
  Für die Ebene der Selbstoffenbarung kann man festhalten, dass er überfordert ist, sich alleingelassen und gestresst fühlt und möglicherweise auch Angst hat, zu versagen. Die Aussage hinter den Worten: *»Ich komme nicht klar.«*

- Was sagt Holger Becker damit über die Beziehungsseite aus, was hält er von Klaus Dietrich?
  Er könnte denken, dass der Kollege nicht sorgfältig arbeitet (schlechte Schrift z.B.), oder auch, dass er unkollegial ist, keine Rücksicht auf ihn als später hinzugekommenen Kollegen nimmt.

Im Modell sähe die aufgeschlüsselte Kommunikation folgendermaßen aus:

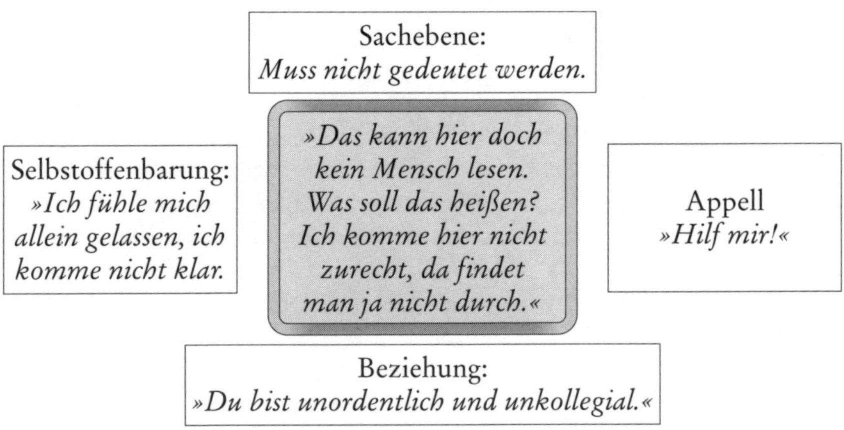

Auf welchen Aspekt hat Klaus Dietrich in seiner Reaktion auf Holger Becker hauptsächlich reagiert, als er sagte: *»Bevor Sie mich dauernd unterbrechen, bemühen Sie sich doch erst mal, sich in den Vorgang einzuarbeiten.«*

Er hat vor allem auf der Beziehungsebene reagiert und dem entnommen, dass der andere ihn für unordentlich, unkollegial etc. hält. Die Folge: Klaus Dietrich fühlt sich gekränkt, die Kränkung wiederum führt dazu, dass die nächste Antwort noch schärfer ausfällt und der Streit eskaliert.

Was wäre gewesen, hätte Klaus Dietrich nur auf die Selbstoffenbarung gehört, nämlich dass Kollege Becker sich allein gelassen fühlt und nicht klarkommt? Dann wäre Dietrichs Reaktion mit Sicherheit milder ausgefallen. Er hätte sich selbst nicht angegriffen gefühlt, weil er die Aussage nicht oder nicht in dem Maße auf sich bezogen hätte. So aber hat er an Holger Becker einen deutlichen Appell geschickt: *»Lassen Sie mich in Ruhe und nerven Sie mich nicht.«* Er hat damit Beckers Gefühl, allein zu sein, nicht klarzukommen, noch verstärkt, was wiederum dessen Ärger angeheizt hat.[46]

Was zeigt dieses Beispiel? Gelingt es Ihnen, auf dem Selbstoffenbarungsohr zu hören, dann erkennen Sie, »(...) dass dahinter ein Bedürfnis oder eine Not ist, die für diesen Menschen charakteristisch sein mag. (...) Diese Empfangsweise ist diagnostisch-empathisch und mindert und lindert die eigene Betroffenheit. Ich muss mich nicht als abgewertet empfinden und kann auch den anderen in seiner Eigenart gelten lassen, verbunden mit der sachlichen Ausrichtung auf Abhilfe: ›Ich bin o.k. – du bist o.k. – und nun lass uns nach einer sach- und menschengerechten Lösung suchen!‹«[47]

Das heißt letztendlich, dem Gegenüber zu geben, was er oder sie braucht – z.B. seelische Streicheleinheiten, Zustimmung, vielleicht auch Unterstützung oder schlicht ein offenes Ohr. Mancher mag jetzt einwenden: *»Hier geht's nur um mein Gegenüber, wie es ihm geht und was seine Bedürfnisse sind. Wo bleibe ich dabei, wenn ich zum Beispiel richtig wütend bin, weil mein Gesprächspartner sich im Ton vergriffen hat?«* Ein berechtigter Einwand. Verstärkt auf das Selbstoffenbarungsohr zu hören heißt nicht, das Beziehungsohr zuzuhalten. Und wenn Ihnen jemand zu nahe tritt, Sie verletzt oder sich im Ton vergreift, ist es durchaus vertretbar und richtig, dies deutlich zurückzuweisen.

Nichtsdestotrotz haben auch Sie etwas davon, sich auf die Bedürfnisse bzw. die Selbstoffenbarung des Gegenübers zu konzentrieren: Sie versetzen sich damit in die Lage, wieder auf das eigentliche Problem zurückzukommen, sich nicht in einem Streit zu verlieren oder Ihr Nervenkostüm zu schädigen. Fühlt sich die andere Person mit ihren Bedürfnissen ernst genommen, wächst auch deren Bereitschaft, sich für Ihr Anliegen zu öffnen, so dass sich auf Dauer eine grundlegende Verhaltensänderung entwickeln kann – und das ist ja das Eigentliche, worum es Ihnen im Umgang mit schwierigen Zeitgenossen geht.

Positive Absicht

Wenn man sich mit den versteckten Botschaften, also der Selbstoffenbarung hinter einer Aussage oder auch hinter einem bestimmten Verhalten, beschäftigt, gelangt man zu der Frage, die ich schon auf Seite 46 f. angeschnitten habe: Welche positive Absicht steckt dahinter? Alles, was Menschen tun, ist – bewusst oder unbewusst – auf ein Ziel ausgerichtet. Geht man davon aus, dass hinter allem, was Menschen tun, eine positive Absicht steht, dann kommen wir mit dem Blick auf die Selbstoffenbarung genau dieser ein ganzes Stück näher. Die Suche nach der positiven Absicht ist allemal erfolgversprechender als mit Druck, Aggression, Zwang vorzugehen, weil – wie schon beschrieben – hier vor allem Widerstände zu erwarten sind. »Bevor Sie das Verhalten eines anderen Menschen beurteilen, werden Sie gut daran tun, seine Absicht(en) zu erfassen. Denn wenn Sie erkennen, welches Ziel Ihr Gesprächspartner hat, welche ›guten Absichten‹ ihn bewegen, können Sie ihm womöglich zeigen, dass er die gleichen Ziele auf einem anderen Weg, also mit einem anderen Verhalten viel schneller, direkter oder mit viel weniger Aufwand erreichen kann.«[48]

Checkliste – das Wichtigste auf einen Blick

- ☐ Je größer der gemeinsame Zeichenvorrat von Kommunikationspartnern/-innen, desto höher die Wahrscheinlichkeit, dass die Kommunikation konstruktiv verläuft.
- ☐ Kommunikation wird erschwert, weil eine Nachricht viele Botschaften gleichzeitig enthält.
- ☐ Die Selbstoffenbarungsseite einer Aussage gibt Aufschluss über die Befindlichkeit und die Bedürfnisse des oder der Sprechenden.
- ☐ Alles, was Menschen tun, ist, bewusst oder unbewusst, auf ein Ziel ausgerichtet.

Reden und zuhören oder: Die wichtigsten Kommunikationsregeln

»Der Mensch hat zwei Ohren und einen Mund,
damit er doppelt so viel hören wie sprechen kann.«
Urheber unbekannt

Manches Problem mit Ihrer persönlichen Nervensäge wird sich vielleicht schon erledigt haben, wenn Sie das ausprobiert haben, was ich in den vorherigen Kapiteln thematisiert habe:

- den Blick zunächst nach innen zu richten,
- die eigenen Glaubenssätze einer kritischen Analyse unterziehen,
- zu akzeptieren, dass jeder Mensch eine andere Landkarte hat,
- herauszufinden, welches Bedürfnis sich hinter den Aussagen und welche positive Absicht hinter dem Verhalten des Gegenübers stecken könnten.

Möglicherweise wissen Sie recht genau, *was* Sie sagen wollen, sind sich aber noch nicht im Klaren darüber, *wie* Sie Ihre Botschaft einpacken, so dass der oder die andere damit gut leben kann und motiviert wird.

Um das zu erreichen, ist es hilfreich, sich an folgende Grundregeln der professionellen Gesprächsführung zu halten.

Ort, Zeitpunkt, Thema

Wählen Sie einen günstigen Ort und den geeigneten Zeitpunkt. Kündigen Sie Ihrem Gesprächspartner oder Ihrer Gesprächspartnerin vorher an, worüber Sie mit ihm/ihr sprechen wollen. Ansonsten fühlt sich Ihr Gegenüber unter Umständen überrumpelt und ist mehr damit beschäftigt, das Gesicht zu wahren, als wirklich zu hören, was Sie sagen wollen. Hat Ihr Gegenüber auch eine gewisse Vorbereitungszeit, kann er/sie sich darauf einstellen, sich mit dem Inhalt auseinander setzen und schon einmal eigene Gedanken entwickeln.

Kommunikationsblockierer vermeiden

Verzichten Sie auf Kommunikationsblockierer: Überredungsversuche, Warnungen, Drohungen, Vorwürfe, Bewertungen sind nicht geeignet, einen Menschen zu öffnen – ganz im Gegenteil. Genauso verhält es sich mit Ratschlägen, um die er gar nicht gebeten hat. Ratschläge können auch Schläge sein. Und wer lässt sich schon gerne malträtieren? Verkneifen Sie sich Schuldzuweisungen oder eine Auseinandersetzung darüber, wer Recht hat (oder gar mehr Recht hat ...). Alles reine Zeitverschwendung, denn Sie wissen: Jeder Mensch hat seine eigene Landkarte, und die auf Ihrer Karte eingezeichneten Wege fehlen möglicherweise auf der Karte Ihres Gesprächspartners, dafür sind dort mehr Flüsse zu sehen ... Erzwingen Sie keine Einigung. Manchmal kommt man an einen Punkt, wo einfach nur klar ist: Die Interessen beider Seiten gehen diametral auseinander. Statt also den anderen in die eigene Position zu zwingen (*»Das müssen Sie doch verstehen, einsehen, endlich kapieren ...«*), ist es besser die Differenzen zu akzeptieren und gemeinsam zu überlegen: Was können wir tun, um trotz der unterschiedlichen Sichtweisen miteinander zu arbeiten?

Auch Interpretationen erweisen sich als Kommunikationsblockierer, wenn aus Deutungen Schlüsse gezogen werden und sich darauf Meinungen gründen. Typische Interpretations-Sätze sind:

- *»Sie sagen zwar das und das, aber in Wirklichkeit meinen Sie ...«*
- *»Ich sehe genau, was in Ihnen jetzt vorgeht ...«*
- *»Ich weiß, dass Sie sich eigentlich lieber für die andere Alternative entschieden hätten ...«*
- *»Sie denken jetzt sicher ...«*

Wie aber reagieren, wenn man selber mit Interpretationen konfrontiert wird? Am besten ganz sachlich:

»Spekulationen bringen uns nicht weiter. Ich möchte lieber wieder zur Sachebene zurückkehren.«

Wenn Sie locker genug sind und es gelassen, nicht zickig rüberbringen können, eignet sich manchmal auch die humorvolle Ebene:

»Ich bin von Ihren hellseherischen Fähigkeiten begeistert.«

»Beeindruckend, wie schnell Sie alles so klar durchdacht haben ...«

Aber Vorsicht: Ironische Bemerkungen rutschen leicht in den falschen Hals und dann ist das Gesprächsklima grundlegend vergiftet.

Apropos Kommunikationsblockierer: Die moralische Keule sollten Sie auch besser stecken lassen. Wer auf Instrumente dieser Art zurückgreift, hat meist ein Ziel: Das Gegenüber zu beschämen. Er oder sie soll sich so richtig schlecht und schuldig fühlen, um sich – Asche aufs Haupt – unterzuordnen. Funktioniert's? Nein, natürlich nicht! Das Einzige, was man damit erreicht: Unser Gesprächs*partner* wird ärgerlich, wütend, vielleicht trotzig und damit zum Gesprächs*gegner*.

Typische Aussagen dieser Art:

- *»Wenn Sie ein bisschen nachgedacht hätten, wüssten Sie …«*
- *»Das war klar, das hätte ich Ihnen gleich sagen können, dass so was nicht gut geht.«*
- *»Ich will doch hoffen, dass Sie mal in sich gehen und Ihr Handeln überdenken …«*

Was tun, wenn man Ihnen mit der moralischen Keule begegnet? Dann können Sie so reagieren:

»Ja, hinterher sind wir immer alle klüger, nicht?«

Oder nüchtern (im Interesse des gemeinsamen Gesprächs): *»Interessant, wie Sie das sehen. Ich sehe es anders.«*

Schließlich ist noch der »Hund-und-Herrchen«-Stil als Kommunikationsblockierer zu nennen, mit dem Sie garantiert jede Form von Rapport zerstören. Oder wie gefallen Ihnen Aufforderungen wie:

- *»Machen Sie …«*
- *»Erledigen Sie …*
- *»Besorgen Sie mal …«*
- *»Kümmern Sie sich endlich um …«*
- *»Ich habe jetzt keine Lust auf eine lange Diskussion, bearbeiten Sie jetzt sofort die Akte.«*

Hier wird im Befehlston kommuniziert. Klar, dass Mitmenschen dadurch nicht zur Veränderung animiert werden, sondern eher mit Trotzverhalten, Ärger und Wut reagieren. Wenn man mit Ihnen wie mit Schäferhund Hasso spricht, könnten Sie auf ironische Art und Weise kontern und den Kommunikationsstil durch entsprechende Reaktion spiegeln: Lassen Sie hechelnderweise die Zunge raushängen und nehmen Sie die Arme in Pfötchenstellung hoch und lassen ein lautes »Wuff!« ertönen. Ihr Gegenüber wird verblüfft sein.

Konstruktive Alternative: Sprechen Sie direkt an, was Sie stört:

»Hier geht's ja zu wie bei der Bundeswehr. Immer Befehlstöne. Ich würde mich freuen, wenn wir freundlicher miteinander umgehen könnten.«

Aktives Zuhören

Wenn man manchmal in Ratgebern blättert, in denen es darum geht, andere zu überzeugen, einen tollen Eindruck zu hinterlassen, die Kundschaft zum Kaufen zu bringen, wird sehr viel Wert auf die richtigen Worte gelegt. Sicher ist es wichtig, verbal geschickt vorzugehen. Vernachlässigt wird dabei immer wieder ein Aspekt: der des Zuhörens. Zuhören ist mindestens eine gleichwertige Komponente – und da sind wir wieder bei einem der wichtigsten sozialen Bedürfnisse der Menschen: die Anerkennung. Wenn Sie zuhören, hat Ihr Gesprächspartner oder Ihre Gesprächspartnerin den Eindruck: da interessiert sich jemand für mich, ich werde ernst genommen. Ihr Gegenüber gelangt damit in einen guten Zustand, der, wie oben beschrieben, wichtig für die Veränderungsbereitschaft ist.

Zuhören ist auch deshalb so von Bedeutung, weil wir damit herausfinden können, was die andere Person umtreibt, welches ihre Bedürfnisse sind (siehe vorheriges Kapitel), wie sie »tickt«. Statt sich also darauf zu konzentrieren, was man dem Gegenüber als nächstes überzeugendes Argument »um die Ohren hauen kann« und wie man noch eins draufsetzen könnte, um Gesprächssieger zu werden, ist es viel effektiver im Sinne Ihres Veränderungswunsches, dass Sie sich ganz auf Ihren Partner oder Ihre Partnerin konzentrieren und für sich klären:

- Worum geht es ihm oder ihr wirklich?
- Was ist die Kernaussage?
- Welche Interessen/welche Befürchtungen nehme ich wahr?
- Was ist die positive Absicht?
- Was kann ich dazu beitragen, die positive Absicht auf andere Art als bisher (nämlich von mir als Nerverei wahrgenommen) herzustellen?

Mit dieser höchst aufmerksamen Form des Zuhörens können sie sicher stellen, Ihr Gegenüber auch wirklich richtig verstanden zu haben.

Wer aktiv zuhören möchte, benötigt eine gute Beobachtungsgabe, Einfühlungsvermögen und die oben beschriebene Grundhaltung: »Ich bin o.k. – du bist o.k.«. Wer den anderen Menschen ausreden lässt, wer sich in seine Situation hineinversetzt und wer seine Sicht der Wirklichkeit toleriert, hat die besten Chancen, das Gesagte so zu verstehen, wie es auch gemeint war.

Um sicher zu gehen, dass alles richtig angekommen ist, spiegelt der oder die Zuhörende am besten die Aussagen – das heißt, gibt mit eigenen Worten wieder, was verstanden wurde. Aber bitte nicht nur plump und wortwörtlich alles wiederholen, sondern machen Sie (durch eigene Worte) klar, dass Sie verstanden haben, was der Sprecher oder die Sprecherin ausdrücken wollte. Um dies zu verdeutlichen, sind Formulierungen wie folgende hilfreich:

- *»Ihnen kommt es also darauf an …«*
- *»Alles in allem heißt das für Sie …«*
- *»Es scheint dir vor allem um xy zu gehen.«*

Oder Sie formulieren in Frageform:

- *»Ist es möglich, dass Sie …?«*
- *»Versteh ich dich richtig, wenn …?«*
- *»Ist es richtig, dass …?«*
- *»Liege ich falsch, wenn ich sage …?«*

Vorsicht: Übertreiben Sie es aber nicht mit dieser Methode: Sie müssen nicht jeden Satz mit eigenen Worten wiedergeben oder ständig Rückfragen stellen wie: *»Habe ich dich richtig verstanden, es geht dir vor allem um …«* Ihr Gegenüber könnte durch ein so einseitiges Gesprächsverhalten das Gefühl bekommen, er bzw. sie nimmt an einer Therapiesitzung teil und ist ein Betreuungsfall. Dann ist Ihr mühevoll aufgebauter Rapport ist im Nu zunichte gemacht. Gespräche am Arbeitsplatz oder auch im Privatleben sind Dialoge, einem Ping-Pong-Spiel vergleichbar, wo es eben nicht darum geht, dass einer das Heft in der Hand hat und durch Lenkung die andere Person zu etwas bringt.

Ich- statt Du-Botschaften

Aktiv zuhören zu können schließt kritische Äußerungen nicht aus. Wenn Sie aus Ihrem Herzen eine Mördergrube machen, wirkt sich das langfristig negativ auf die Kommunikation aus. »Denn was nicht herauskommt, bleibt innen drin und vergiftet die Beziehung von innen her. Faustregel: Gib dich nach außen hin nicht toleranter, als du innerlich bist.«[49] Aber auch hier kommt es auf das Wie an. Sie benötigen viel Fingerspitzengefühl, um den Gesprächspartner oder die Gesprächspartnerin nicht vor den Kopf zu stoßen. »(…) wenn Menschen etwas hören, das auch nur entfernt nach Kritik klingt, dann neigen sie dazu, ihre Energie in die Verteidigung oder in einen Gegenangriff zu stecken.«[50] So macht es einen entscheidenden Unterschied, ob ich einem Gesprächspartner sage: *»Du* *bist egoistisch, du lässt mich nie zu Wort kommen«*, oder: *»Ich fühle mich untergebuttert. Ich möchte gerne meine Meinung sagen.«* Das Erste ist eine *Du-Botschaft*, das zweite eine *Ich-Aussage*. Die zweite Variante ist die ehrlichere und vielleicht auch schwierigere. Es ist leichter, dem Gegenüber Vorwürfe zu mache, als in sich hineinzuhorchen und dann das Gefühl in Worte zu fassen: Was ärgert mich? Was wünsche ich mir oder erwarte ich vom anderen? Aber je besser es Ihnen gelingt, Ihre Gefühle und Bedürfnisse zum Ausdruck zu bringen (und genau das geschieht, wenn Sie Ich-Aussagen verwenden), desto einfacher ist es für den oder die Kritisierte, offen zu bleiben, wirklich zuzuhören und über das eigene Verhalten nachzudenken.

Wenn Sie das Verständnis der Gegenseite wecken wollen, wenn Sie ein gutes Gesprächsklima schaffen möchten, wenn Ihnen ein partnerschaftlicher Umgang wichtig ist, dann sollten Sie möglichst auf Du-Aussagen verzichten. Sonst könnte sich Ihr Gegenüber bevormundet, beleidigt, gemaßregelt fühlen und die Bereitschaft, sich in Ihre Lage zu versetzen, wäre sofort zunichte gemacht.

Es ist immer schwer für Ihr Gegenüber, Kritik zu ertragen – ganz gleich, wie sie geäußert wird. Wenn Sie jedoch Ich-Aussagen verwenden, hat dies den Vorteil, dass Sie Nachrichten mit einem hohen Selbstoffenbarungsanteil versenden. Damit drängen Sie Ihr Gegenüber nicht sofort in die Defensive. Du-Botschaften schieben dem oder der anderen die alleinige Verantwortung zu, beinhalten Pauschalierungen oder Interpretationen und führen lediglich dazu, dass die Gegenseite mit Widerstand und Abwehr reagiert. Beispiele:

1. *»Sie sind wohl desinteressiert.«*
2. *»Immer unterbrechen Sie mich. Sie stören damit den Ablauf.«*
3. *»Du wäschst nie die Kaffeetassen ab.«*

Damit bewerten Sie den anderen und sagen nichts über sich aus. Verwenden Sie aber Ich-Botschaften, dann bringen Sie genau auf den Punkt, was Sie meinen, ohne sofort den anderen Menschen anzugreifen. Mit Ich-Aussagen können Sie Ihre Wünsche und Gefühle am besten kundtun. Das wirkt sehr entlastend für das Miteinander. Denn nun überlassen Sie es dem Gegenüber, zu entscheiden, wie er bzw. sie darauf reagieren will.

Die Ich-Aussagen zu den gerade genannten Beispielen könnten lauten:

1. *»Ich habe das Gefühl, dass ich Sie langweile. Sollen wir das Thema wechseln?«*

2. *»Ich fände es besser, wenn ich zunächst einmal alle Punkte aufführen könnte und dass wir erst im Anschluss darüber diskutieren. Wenn ich häufig unterbrochen werde, komme ich völlig aus dem Konzept.«*
3. *»Mich stört, dass immer ich unsere Kaffeetassen abwaschen muss.«*

Vielleicht wenden Sie ein: »*Das klingt theoretisch ganz gut, praktisch und im Eifer des Gefechts, ist es schwer, das so hinzubekommen.*« Ich kann Ihnen nur zustimmen: Selbst die Kommunikationstrainerin erwischt sich immer mal wieder dabei, dass sie sich an die eigenen empfohlenen Verhaltensweisen nicht hält und ihr zum Beispiel im Streit eine Du-Aussage rausrutscht. Nicht gerade vorbildhaft, ich gebe es zu. Da hilft nur eins: sich das eigene Sprechverhalten bewusst machen und üben, üben, üben (z.B. mit Aufgaben, wie sie unten stehen).

Und wenn Ihnen mal eine Du-Aussage rausgerutscht ist, müssen Sie sich nicht gleich eimerweise Asche aufs Haupt schütten. Erstens ist man Mensch und zweitens lässt sich auch in der Gesprächssituation noch etwas machen. In solchen Momenten gilt es, auf die Frage zurückzukommen: »*Was ist bei mir los, dass ich so heftig werden muss?*«[51] Also wieder in sich hineinhorchen und fragen, warum ärgere ich mich, was erwarte ich, welches Bedürfnis habe ich? Und noch mal einen zweiten Anlauf nehmen und erneut – diesmal in Ich-Aussageform – ansprechen, was mich eigentlich so wurmt.

4-Stufen-Modell für die erweiterte Ich-Botschaft

Ich-Botschaften eignen sich sehr gut, um Kritik zu äußern. Wenn Sie ein Gespräch vorbereiten, bei dem Sie grundsätzlich etwas klären wollen, ist es empfehlenswert, mit der so genannten erweiterten Ich-Botschaft zu arbeiten, einem 4-Stufen-Modell, an dem Sie sich orientieren können.[52]

1. Stufe	**Beispielformulierungen**
Was haben Sie wahrgenommen, was ist Ihnen aufgefallen?	*»Gestern hat sich xy ereignet …«*
Beschreiben Sie so klar und konkret wie möglich, worum es	*»Mir ist aufgefallen, dass …«*
geht bzw. das Verhalten des oder der anderen. Verzichten Sie dabei auf Bewertungen.	*»Wir haben über xy gesprochen …«*

2. Stufe	**Beispielformulierungen**
Welche emotionalen Reaktionen haben Sie dadurch bei sich wahrgenommen? Beschreiben Sie Ihre Gefühle.	*»Ich fühle mich dadurch …«* *»Dadurch ging es mir …«* *»Ich habe das Gefühl …«*
3. Stufe Was folgt für Sie daraus? Benennen Sie, welche Auswirkungen sich daraus ergeben.	*»Das hat zur Folge …«* *»Dadurch kann ich …«* *»Ich befürchte, dass …«*
4. Stufe Was wünschen oder erwarten Sie? Formulieren Sie möglichst konkret einen Veränderungsvorschlag.	*»Mein Ziel ist …«* *»Künftig möchte ich …«* *»Ich erwarte von Ihnen, dass …«*

✍ Übung: Vom Du zum Ich

Wandeln Sie die folgenden Beispiele in eine erweiterte Ich-Botschaft um: Gehen Sie dabei Stufe für Stufe nach dem vorgestellten Muster vor und formulieren Sie in direkter Rede.

Übungs-Beispiele:

1. Ein Kunde ruft in der Autowerkstatt an. Er ist sauer, weil der Wagen, den er vor drei Tagen gebracht hat, noch nicht repariert wurde: *»Sie brauchen immer ewig, bis Sie mal so einen kleinen Schaden behoben haben. Das ist wirklich mieser Service. Sie müssen sich nicht wundern, wenn es mit Ihrer Firma bergab geht. Sie sind schuld, dass ich ständig Termine verschieben muss. Das ist ja geschäftsschädigend.«*

1. Stufe ______________________________

2. Stufe ______________________________

3. Stufe ______________________________

4. Stufe ______________________________

2. Eine Sachbearbeiterin hat am Vortag eine Kollegin gebeten, wichtige Unterlagen für Sie in eine andere Abteilung zu bringen, die diese dringend benötigt. Als die Unterlagen am nächsten Morgen dort noch immer nicht angekommen sind, sagt die Sachbearbeiterin zu ihrer Kollegin:

   »Frau Keller, wie stellen Sie sich das eigentlich vor? Sie haben einfach die Unterlagen nicht abgegeben, wenn Sie so weitermachen, dann werden Sie es hier bald sehr schwer haben. Sie können doch so was nicht einfach vergessen. Das ist der Hammer, was Sie sich da erlaubt haben. Sie bringen mich in Teufels Küche.«

   1. Stufe ______________________________

   2. Stufe ______________________________

   3. Stufe ______________________________

   4. Stufe ______________________________

3. Andrea zu ihrem Freund Mark: *»Du hast dich wieder total danebenbenommen, als wir uns gestern mit den anderen getroffen haben. Du erzählst immer intime Sachen über uns. Dir ist völlig egal, was mit mir ist. Hauptsache, du amüsierst dich.«*

   1. Stufe ______________________________

   2. Stufe ______________________________

   3. Stufe ______________________________

   4. Stufe ______________________________

(Lösungsvorschläge siehe Seite 150)

Positive Formulierungen

Ich habe schon an anderen Stellen dieses Buches darauf hingewiesen, wie bedeutsam der eigene und der Zustand Ihres Gegenübers für ein gutes Gespräch ist. Fühlt sich der oder die andere wohl, sicher, entspannt, ist es für ihn oder sie allemal leichter, auch mit unangenehmeren Fakten umzugehen. Sie können, indem Sie auf positive Formulierungen z.B. beim Feedbackgeben achten, dazu einen Beitrag leisten.

Wer sich mit dem Thema Feedback beschäftigt, weiß, wie wirksam dieses Instrument ist, um die Kommunikation am Arbeitsplatz zu verbessern – gerade wenn es zu schwierigen Gesprächen kommt, in Diskussionen, bei Meinungsverschiedenheiten.

Im wörtlichen Sinne bedeutet Feedback zurück(back)-füttern(feed). Und in gewisser Weise stimmt das ja auch: Zunächst wurde man von jemandem mit Informationen, Aussagen, Hinweisen »gefüttert«, und nun nimmt man auf diese Äußerungen Bezug und gibt/füttert seinerseits Informationen.

Wissenschaftlich ausgedrückt versteht man unter einem Feedback »eine explizite und in der Regel verbale Rückmeldung vom Rezipienten an den Kommunikator, die diesem Aufschluss über die Aufnahme und Interpretation sowie die Wirkung von Kommunikationsvorgängen gibt«.[53]

Insofern ist es im Arbeitsalltag ein wesentliches Instrument zur Verbesserung des Miteinander. Eine Chefin kann auf diese Weise erfahren, wie sie von ihren Mitarbeiterinnen und Mitarbeitern gesehen wird, diese wiederum erhalten Aufschluss darüber, wie die Chefin sie bzw. ihre Arbeitsleistungen, -ergebnisse, -weise sieht. Der Kollegenkreis kann sich gegenseitig natürlich auch durch Feedback wichtige Hinweise geben, im Team lassen sich die Befindlichkeiten der Mitglieder klären. Das Feedback leistet wertvolle Dienste als gegenseitige Lernhilfe, im Kritikgespräch etc.

Vorausgesetzt, Sie bedenken dabei einige Spielregeln.

- Wenn Sie jemandem Rückmeldung geben wollen, sollten Sie nicht einfach aus dem Bauch heraus die eigenen Eindrücke schildern. Feedback zu geben und zu erhalten ist eine heikle Angelegenheit. Wer lässt sich schon gern in seinem Selbstbild korrigieren bzw. wer weist schon jemanden gern auf Bereiche hin, wo Änderungen angebracht wären?
- Beginnen Sie mit den positiven Dingen. Damit vergrößern Sie die Bereitschaft des Feedbacknehmers bzw. der -nehmerin, spätere

Kritikpunkte leichter zu akzeptieren. Ihr Gegenüber erkennt, dass Sie nicht nur kritisieren möchten, sondern durchaus auch die starken Seiten wahrnehmen und anerkennen. Getreu der Devise: »Wer die Aufmerksamkeit auf Fehler lenkt, bringt sein Gegenüber automatisch in eine schlechte Verfassung.«[54]

- Formulieren Sie grundsätzlich konkret, klar und verständlich. Verfallen Sie nicht in Interpretationen, Vorwürfe, Vermutungen, moralische Bewertungen. Versuchen Sie auch nicht, angebliche Motive zu erraten wie: »*Wahrscheinlich hast du das gemacht, weil ...*« »*Ich kann mir schon denken, was Sie damit bezwecken ...*« Hier bewegt man sich unweigerlich in dem Bereich der Spekulation und Interpretation (siehe Kommunikationsblockierer, S. 64 ff.). Äußerungen dieser Art würden nur dazu führen, den Rapport zu stören. Es wäre nicht verwunderlich, wenn Ihr Gesprächspartner bzw. Ihre Gesprächspartnerin daraufhin den Drang verspürt, sich zu rechtfertigen oder zu verteidigen. Beschreiben Sie nur, was Sie tatsächlich wahrgenommen haben und ggf. was das bei Ihnen ausgelöst hat.
- Führen Sie nur Punkte an, die der Feedbackempfänger bzw. die -empfängerin auch tatsächlich ändern kann – also nicht auf Stottern, Lispeln oder Erröten hinweisen. Denn das führt nur dazu, dass Ihr Gegenüber sich verletzt oder gekränkt fühlt.

Ja statt nein

Mit positiven Formulierungen sind nicht nur (wie es beim Feedbackgeben verstanden wird) wohlwollende Formulierungen gemeint, sondern auch Aussagen, die auf Verneinungen möglichst verzichten. Derlei positive Formulierungen sind generell die empfehlenswertere Variante im Umgang miteinander, weil negative Bitten (»*Bitte tu das nicht mehr*«) Widerstand hervorrufen und darüber hinaus auch zu Irritationen führen können. Positive Aussagen bringen klarer zum Ausdruck, was wir meinen. Marshall B. Rosenberg beschreibt das anschauliche Beispiel einer Frau, die darüber frustriert war, dass ihr Mann so viel arbeitete. Sie bat ihn, nicht so viel Zeit am Arbeitsplatz zu verbringen. Drei Wochen später teilte er ihr stolz mit, dass er sich für ein Golfturnier angemeldet hätte. »Sie hatte ihm erfolgreich vermittelt, was sie *nicht* wollte – sein vieles Arbeiten –, aber sie scheiterte an einer positiven Bitte: *was* sie eigentlich *wollte ... (Die Frau:)* »Ich wünschte, ich hätte ihm gesagt, dass ich wenigstens einen Abend in der Woche gerne mit ihm und den Kindern verbringen möchte.«[55]

Die Crux an negativen Aussagen ist, dass eine Zielangabe fehlt. Es wird nur gesagt, was nicht das Ziel ist/sein sollte (nicht mehr so viel arbeiten), aber es fehlt eine klare Aussage, was angestrebt wird. Und solange das fehlt, muss man sich nicht wundern, wenn das Gegenüber sich nicht ändert – oder sich zwar verändert, aber in eine andere Richtung.

Auch in Erziehungsratgebern kann man immer wieder den Hinweis lesen, dass man Kindern möglichst deutlich positive Handlungsanweisungen geben soll.

Statt: »*Geh nicht bei Rot über die Straße.*«
Besser: »*Geh nur bei Grün über die Straße.*«

Statt: »*Kleckere nicht beim Essen.*«
Besser: »*Zieh den Teller nah an dich ran.*«

Statt: »*Lass das.*«
Besser: »*Bleib bitte auf deinem Stuhl sitzen.*«

Statt: »*Pass auf, dass du das Glas nicht fallen lässt.*«
Besser: »*Achte auf das Glas und halte es gut fest.*«

Kontraproduktive Verneinungen

Erschwerend kommt hinzu, dass unser Gehirn Probleme mit »Nicht-Aussagen« hat. Es filtert gewissermaßen raus, weil es nicht etwas nicht denken kann (s. S. 135 – Elefantenbeispiel). Mit anderen Worten: Negative Aufforderungen führen genau zu dem Gegenteil, was damit eigentlich bezweckt werden sollte. Sie wirken als Aufforderung, genau eben das zu tun. Wenn ein Kind hört: »*Kleckere nicht beim Essen*«, muss es, um die Aussage verstehen zu können, sich die Bedeutung der Worte zugänglich machen. Es könnte zum Beispiel bei visuell orientierten Kindern ein Bild von Kleckern im Kopf auftauchen – geradezu eine Einladung an das Unbewusste, genau das zu tun. Mit negativen Aussagen können Sie überdies einen Menschen ganz »wunderbar« in schlechte Zustände führen:

Statt: »*Ich wünsche dir, dass du keinen Ärger bekommst.*« (Es kommt tatsächlich an: *dass du Ärger bekommst …*«)
Besser: »*Ich wünsche dir, dass es gut läuft.*«

Als Reaktion auf den Satz: »*Danke, dass Sie mir geholfen haben.*«
Statt: »*Kein Problem.*« (Das Wort Problem bleibt in Erinnerung)
besser antworten: »*Das habe ich gern getan.*«

Negationen sind häufig überflüssig, vieles, was mit einer Nicht-Formulierung ausgedrückt wird, kann genauso gut positiv beschrieben werden:

Statt: *»Peter ist nicht mehr krank.«*
Besser: *»Peter ist wieder gesund.«*

Besonders kompliziert wird es, wenn ganz schlaue Köpfe meinen, sich als Meister der Verbalakrobatik hervortun zu müssen, und sogar zu doppelten Verneinungen greifen. Dann schießt man von hinten durch die Brust ins Auge. Der Journalist und ehemalige Leier der Hamburger Journalistenschule Wolf Schneider dazu: »Jede Verneinung ist ein Problem; die doppelte Verneinung ist eine Katastrophe.«[56]

Einige Rednerinnen und Redner benutzen doppelte Verneinungen, manchmal sogar dreifache Verneinungen, ohne sich klar darüber zu sein, dass sie das auch einfacher und damit verständlicher sagen könnten.

Versuchen Sie, in folgender Übung den Sinn doppelter oder sogar dreifacher Verneinungen zu erfassen:

Übung: Doppelte und dreifache Verneinung

Kreuzen Sie die richtige Antwort an bzw. erklären Sie, wie die Aussagen zu verstehen sind.

1. Es ist nicht unüblich, den Rasen mit einem Elektromäher zu mähen.
   Heißt das:
   a) Der Rasen wird mit einem Elektromäher gemäht.
   b) Der Rasen wird nicht mit einem Elektromäher gemäht.

2. Sind Sie dagegen, nicht zur Wahl zu gehen?
   Heißt das:
   a) Wollen Sie zur Wahl gehen?
   b) Wollen Sie nicht zur Wahl gehen?

3. Die Politikerin sprach sich gegen die Aufhebung des Abschiebestopps für Kurden aus.
   Was will die Politikerin?
   a) Die Kurden sollen abgeschoben werden.
   b) Die Kurden sollen bleiben.

4. Frau Meier kann sich nicht weigern, Frau Schmitz nicht zu informieren.
   Heißt das:
   a) Frau Meier muss Frau Schmitz informieren.
   b) Frau Meier muss Frau Schmitz nicht informieren.

5. Die Mitarbeiterinnen und Mitarbeiter des Konzerns sagen Nein zum Verzicht auf einen Teil ihres Einkommens.
   Heißt das:
   a) Die Mitarbeiterinnen und Mitarbeiter sind nicht bereit, auf einen Teil ihres Einkommens zu verzichten.
   b) Die Mitarbeiterinnen und Mitarbeiter sind bereit, auf einen Teil ihres Einkommens zu verzichten.

Lösungen auf Seite 151

Na, verwirrt? Die Konsequenz kann nur sein: im Interesse von Verständlichkeit Verneinungen so selten wie möglich benutzen.

Die Macht der Sprache

Wer mit anderen besser umgehen will, sollte sich über die Macht der Sprache im Klaren sein. Sie können mit Wörtern motivieren, Kraft spenden, Mut machen, ein Wohlgefühl erzeugen. Sie können aber auch mit der Sprache Menschen herunterziehen, demotivieren, in einen schlechten Zustand versetzen. Mit Sprache können Sie die Welt in der von Ihnen gewünschten Richtung in Bewegung bringen. »Das Wort ist der mächtigste Gedanke und strebt danach, Realität zu werden. Wörter sind Bestellkarten ans Universum. Mit der Formulierung nimmt der Gedanke bereits Form an.«[57]

Oder würden Sie nicht auch sagen, dass es beim Gesprächspartner schlechter ankommt, wenn man sagt:

»Da werde ich aber Druck machen.«
Statt:
»Ich werde mich dafür einsetzen.«

Welche Formulierung bringt positive Bilder hervor:

»Ich werde mich beschweren.«
Oder:
»Ich werde es zur Sprache bringen.«

Beschweren – klingt erstens nach Konfrontation, zweitens tun Sie sich selber damit etwas an: Sie beschweren sich, laden sich Gewicht auf. Wie dynamisch, beweglich ist jemand, der schwer trägt? Es ist also im eigenen Interesse, sensibel mit dem Instrument Sprache umzugehen – sie wie einen wertvollen Besitz zu betrachten. Schließlich handelt es sich ja um unseren Wort-schatz, nicht um Wort-müll.[58]

Einmal ist oft nicht genug

»Ich habe es ihm tausendmal gesagt, warum hält er sich nicht daran? Das hatten wir doch beim letzten Gespräch schon geklärt.« Es kann zugegebenermaßen nervenaufreibend sein, wenn Abmachungen nicht eingehalten werden oder Vereinbarungen, die zum Beispiel aus einem Kritikgespräch resultierten, für Ihr Gegenüber offensichtlich nicht verbindlich sind. Fragt sich nur, wie verbindlich die Abmachung war. Ist es möglich, dass für Sie alles klar war, Ihr Gesprächspartner bzw. Ihre Gesprächspartnerin es aber ganz anders verstanden hat? Ein Modell, das die Fallstricke der Kommunikation verdeutlicht und zeigt, wie schmal der Grat zwischen Erkenntnis und Umsetzung ist, stellen die Wirksamkeitsprinzipen der Kommunikation des Verhaltensforschers und Nobelpreisträgers Konrad Lorenz dar, wie Sie in folgender Grafik sehen können:

Wirksamkeitsprinzipien der Kommunikation

Was heißt das für den Umgang mit anderen? Zunächst einmal ist es wichtig, dass eine Information dem Empfänger oder der Empfängerin zugänglich sein muss, er/sie muss aufnahmefähig und -bereit sein. Ein Gespräch zwischen Tür und Angel ist dafür nicht geeignet. Den Inhalt einer Information bestimmt immer der Empfänger/die Empfängerin und nicht der Sender bzw. die Senderin der Botschaft. Selbst wenn das Gegenüber die Botschaft gehört und verstanden hat, darf die Senderin bzw. der Sender nicht zwangsläufig davon ausgehen, dass er oder sie auch einverstanden ist. Um das zu gewährleisten, benötigt man eine Vereinbarung, in der deutlich formuliert wird, worauf man sich geeinigt hat. Und nicht vergessen: Dies muss keine Regelung auf Dauer sein. Durchaus möglich, dass Ihr Gegenüber wieder in alte Gewohnheiten zurückfällt …

Kurzum: Vom Wort bis zur Tat ist es oft ein weiter Weg. Setzen Sie nicht zu viel voraus, »nur« weil Sie einmal etwas thematisiert haben, was Ihnen gegen den Strich geht. Dies ist ein Anfang. Dranbleiben heißt die Devise für den langfristigen Erfolg.

Wenn Sie merken, dass Sie immer wieder dasselbe sagen und dies nicht die gewünschte Wirkung beim anderen zeigt, sollten Sie dringend Ihre Strategie überdenken. Wer stets dasselbe macht, muss sich nicht wundern, wenn er am Ende immer wieder dasselbe Ergebnis erhält oder ganz simpel ausgedrückt: Wenn das, was Sie tun, nicht zum Erfolg führt, machen Sie etwas anderes.

Checkliste – das Wichtigste auf einen Blick

- ☐ Wählen Sie für schwierige Gespräche einen geeigneten Ort und Zeitpunkt. Sagen Sie Ihrem Gesprächspartner bzw. Ihrer Gesprächspartnerin vorab, worüber Sie reden wollen.
- ☐ Vermeiden Sie Kommunikationsblockierer wie Überredungsversuche, Warnungen, Vorwürfe, Bewertungen, Interpretationen.
- ☐ Hören Sie aktiv zu.
- ☐ Senden Sie Ich- statt Du-Botschaften.
- ☐ Formulieren Sie positiv.
- ☐ Wenn das, was Sie tun, nicht zum gewünschten Erfolg führt, machen Sie etwas anderes.

Die häufigsten Nervensägen – eine Typologie

Es könnte so einfach sein: Hier hat man einen schwierigen Zeitgenossen, ordnet ihn ein in die Typologie, schaut nach in der Tabelle, wie man mit ihm umzugehen hat, wendet die Rezeptur an, und am Ende wandelt sich der Saulus zum Paulus, ist plötzlich ganz pflegeleicht und verhält sich so, wie wir das immer schon gerne gehabt hätten.

Nicht selten kommen Teilnehmerinnen und Teilnehmer mit ähnlichen Vorstellungen in meine Seminare und Workshops zum Thema »Umgang mit schwierigen Menschen« (siehe Hinweis letzte Seite).

Der Wunsch nach der Wunderpille, dem Geheimrezept ist nachvollziehbar. Doch ziemlich schnell wird klar, dass es mit ein paar gut zurechtgelegten Sätzen eben nicht getan ist, wie ich in den vorherigen Kapiteln gezeigt habe.

Problematisches Schubladendenken

Typologien haben ihre Schwächen. Es liegt auf der Hand, dass es ein Konstrukt ist, von dem Nörgler, der Besserwisserin, dem Intriganten zu sprechen. Auch Sie werden wissen, dass es im wahren Leben meist keine eindeutigen Typen gibt. So haben Sie möglicherweise mit einem Besserwisser zu tun, der auch hinterhältig sein kann. Und die Aggressive weist manchmal auch »Bremserqualitäten« auf, wohingegen der Arrogante ab und an als Nörgler daherkommt. Darüber hinaus haben alle von den genannten auch ganz freundliche Züge, da wird der Nörgler zum Hilfsbereiten, die Aggressive setzt ihre Kraft für die gute Sache ein, und der Besserwisser erweist sich plötzlich als jemand mit vielen kreativen Ideen.

Das innere Team

Etikettierungen werden einem Menschen in seiner Gesamtheit nicht gerecht. Schon Goethe sprach von den »zwei Seelen, ach, in meiner Brust«, dem Hin- und Hergerissensein. Friedemann Schulz von Thun verweist darauf, dass es durchaus mehr als nur zwei »Seelen« sein können, die ein Wörtchen mitreden wollen. Die innere Pluralität oder auch das »innere Team« sind die Begriffe, die er dafür gefunden hat. Andere Kommunikationspsychologinnen und -psychologen sprechen von Teilen, Teilpersönlichkeiten, Anteilen.

Sie kennen das vielleicht von sich, dass es durchaus ganz unterschiedliche Charakterzüge gibt, die manchmal zum Vorschein kommen. Sie können höchst zuvorkommend, freundlich, liebevoll und geduldig sein. Und dann gibt es wieder andere Tage, da erkennen Sie sich selbst kaum wieder, sind mürrisch und kurz angebunden oder abweisend und streitlustig.

Vielleicht wenden Sie ein, dass es aber Haupteigenschaften gibt, die deutlicher als andere zutage treten, so dass es eben doch typische Charakterzüge gibt. Die Frage ist nur: Warum treten vor allem die Eigenschaften in Erscheinung? Für Schulz von Thun verfügt jeder Mensch in seinem Team über ein paar Stammspieler, »die oft und gern die vorderste Reihe besetzen. Das sind diejenigen Mitglieder des Inneren Teams, die in der Lebensgeschichte des Individuums aufgrund besonderer Erfolge Karriere gemacht haben und von daher besonders ›bühnenerprobt‹ sind und die Außenwirkung des Menschen bestimmen.«[59] Dies sind aber eben nicht die Einzigen, die zum Team gehören. Da gibt es auch die stillen Wasser, die viel zu bieten hätten, die aber bisher vom Regisseur vernachlässigt wurden.[60] Vielleicht hat das Publikum sie ja auch nicht sehen wollen?

Es spricht für ein gutes Selbstbewusstsein eines Menschen, wenn er über eine große Variabilität verfügt, was den Einsatz der Teammitglieder angeht. Ein gut geführtes inneres Team ist in der Lage, situationsspezifisch zu reagieren: in einer Smalltalk-Situation den ungezwungenen Plauderer zu aktivieren und den sachlich Kühlen im hinteren, schlecht ausgeleuchteten Teil der Bühne zu belassen, in einer Beratungssituation den Einfühlsamen an die Kontaktlinie zu schicken und den strengen Moralisten ruhig zu halten. Situationsgerecht zu kommunizieren heißt also, die für die Situation passende Mannschaft aufzustellen. Das gelingt natürlich nicht immer, zum Beispiel weil eine Position gar nicht besetzt ist, also im inneren Team jemand fehlt, der für die jeweilige Situation gebraucht würde. Probleme entstehen auch dadurch, dass es zu einer inneren Fehlbesetzung gekommen ist, weil jemand, der eigentlich schweigen sollte, sich unangebrachterweise einmischt.[61]

Was bedeutet die innere Vielfalt nun für den Umgang mit Nervensägen? Diese Vielfalt kann verwirren – sie kann aber auch Mut machen und auf Veränderungsfähigkeit hoffen lassen. Selbst wenn Kollege X immer den Besserwisser vorschickt, kann er trotzdem über einen Teamplayer verfügen, der sehr gut zuhören kann; oder wenn Kollegin Y immer wieder die Nörglerin als Hauptrolle besetzt, könnte man sich den hinteren Teil der Bühne mal näher anschauen, da steht vielleicht eine tatkräftige Akteurin, die nur ermutigt werden will. Allein, dass Sie diese Möglichkeit mitdenken, kann sich beim nächsten Zusammentreffen mit Ihrer Nervensäge positiv auswirken. Gut möglich, dass aufgrund Ihrer veränderten Haltung bei Ihrem Gegenüber »auf der Bühne« etwas in Bewegung gerät und mal jemand anders nach vorn gelassen wird.

Verhalten besser verstehen

Man sollte sich auch darüber im Klaren sein, dass man sich ein Stück von der Realität entfernt, wenn man Menschen auf eine einzige Eigenschaft reduziert und in Schubladen steckt. Dennoch kann es hilfreich sein, Verhaltensweisen und Charaktereigenschaften einzuordnen. Diese Beschreibungen können gewissermaßen helfen, Licht ins Dunkel zu bringen, indem Sie diese als Basis nutzen für den Umgang mit Ihrer speziellen Nervensäge und – in Ergänzung dessen, was ich bis hierher thematisiert habe – ein effektives Handlungsmuster daraus für sich entwickeln.

Eine Möglichkeit wäre, die Beschreibungen der Verhaltensweisen wie Mosaiksteine zusammenzsetzen, Schwerpunkte je nach Mischtyp zu bilden und daraus Schlüsse für den Umgang mit seiner persönlichen Nervensäge abzuleiten – ohne den eigenen Anteil auszuklammern.

Mit anderen Worten: Es geht nicht darum, einzelne Personen zu stereotypisieren, sondern das Zuordnen zu einem bestimmten Typus kann helfen, die Neigung des Gegenübers zu der einen oder anderen Verhaltensweise besser zu verstehen – um dann daraus Rückschlüsse für die eigene Reaktion zu ziehen.

Zu Seminarbeginn lasse ich von den Teilnehmerinnen und Teilnehmern die Typen beschreiben, die sie immer wieder auf die Palme bringen.

Besonders häufig werden folgende genannt:

1. Besserwisser und Neunmalkluge
2. Arrogante und Hochnäsige
3. Hinterhältige und Intriganten
4. Aggressive und Choleriker
5. Nörgler und Miesmacher
6. Leidende und Gestresste
7. Quasselstrippen und Phrasendrescher

Was ist nun charakteristisch für den jeweiligen Typus, welche Gründe hat er oder sie möglicherweise für sein Verhalten, welche positive Absicht könnte dahinterstecken? Wie wird üblicherweise auf diesen Typus reagiert, welche Reaktionen sind empfehlenswert? Und last but not least: Welche »Liebesbotschaft« hält Ihr Ärger über die jeweilige Nervensäge für Sie möglicherweise bereit, das heißt, welche Überzeugungen und

Glaubenssätze könnten Ihnen bei Ihrer Aufregung auch ein Schnippchen schlagen? Die Antworten dazu lesen Sie auf den folgenden Seiten.

Besserwisser und Neunmalkluge

Kaiser Wilhelm II. wird nachgesagt, dass er keine Kritik vertrug. Er selber war der festen Überzeugung, alles besser zu wissen als andere. Damals kursierte unter den Deutschen folgender Witz dazu: »*Kennen Sie den Unterschied zwischen Gott und dem Kaiser? – Gott weiß alles, der Kaiser weiß alles besser.*«[62]

Vielleicht haben Sie ja auch einen Kollegen oder eine Kollegin mit einer ähnlichen Haltung. Da hat man sich seit Wochen mit nichts anderem als einer bestimmten Thematik beschäftigt und ist regelrecht zur Expertin oder zum Experten auf einem Fachgebiet geworden, Kollege Besserwisser muss, nachdem Sie ausführlich referiert haben, noch seinen Senf dazugeben und alle an seinem – zugegebenermaßen großen – Allgemeinwissen teilhaben lassen.

Die auffälligsten Verhaltensmerkmale

- wissen alles besser, können zu jedem Thema etwas sagen
- sind meist sehr gut vorbereitet
- hören nicht richtig zu
- haben Schwierigkeiten, Kritik anzunehmen, weil das für sie mit Abwertung oder Ablehnung der Person verbunden ist
- geben sich rechthaberisch, lassen nur die eigene Meinung gelten und machen nur schwer Kompromisse

Die mögliche positive Absicht

So manch ein Besserwisser leidet unter starken Minderwertigkeitsgefühlen, die er oder sie damit zu kompensieren sucht. Offensichtlich hat diese Person das Bedürfnis, sich selbst und auch anderen zu beweisen, wie wichtig, bedeutend, wertvoll sie ist. Die positive Absicht könnte darin bestehen, sich damit die gewünschte Anerkennung zu verschaffen und das Ego zu streicheln: »*Seht her, ich bin ganz schön wichtig, was ich alles weiß …*«

Übliche Reaktionen

Da Besserwisserei in der Regel nicht gut ankommt und auf manche Menschen provozierend wirkt, bleiben Hakeleien nicht aus. »*Klugscheißer*«, denken viele im Umgang mit dieser Nervensäge. Oft wird mit Besserwissern (fachlich) gestritten, um zu beweisen, dass er/sie diesmal nicht Recht hat. Andere versuchen, ihm oder ihr Fehler nachzuweisen. All das ist vergebliche Liebesmüh. Besserwisser werden erst Ruhe geben, wenn die eigentliche positive Absicht erfüllt ist: der Wunsch nach Anerkennung.

Empfehlenswerte Reaktion

Auch wenn es einem in den Fingern juckt, tun Sie es sich nicht an, mit Besserwissern in eine Wer-hat-Recht-Debatte einzusteigen. Sie ahnen gar nicht, welche Kondition so ein Mensch haben kann. Viel besser ist es, Ihrem Gegenüber zu geben, wonach es lechzt: Aufmerksamkeit und Anerkennung. Lassen Sie ihm oder ihr das Gefühl, Experte/-in auf dem Gebiet zu sein, und zeigen Sie, dass Sie ihn/sie als solche/n akzeptieren.

Die wichtigsten drei Ansätze im Umgang mit Besserwissern:

1. Für die eigenen Ziele einspannen
2. Loben
3. Kritik in Frageform kleiden

1. Wenn Sie ihn/sie für Ihre Ziele einspannen, streicheln Sie das Ego. Formulieren Sie z.B. Bitten wie: »*Ich wäre sehr an Ihrer Meinung interessiert …*« Sie finden das zu anbiedernd? Das mag auf den ersten Blick so wirken. Andererseits muss man akzeptieren, dass Besserwisser häufig fachlich einiges auf dem Kasten haben, wir sprechen hier nicht von Dummschwätzern. Wenn Sie Besserwisser sofort mit ins Boot holen, ist ein Teil des Bedürfnisses schon gestillt und damit der Drang Ihres Gegenübers gezügelt, nun ständig wieder zu beweisen, wie wichtig er/sie ist. Sie können dann eher störungsfrei, ohne ständige Zwischenkommentare, die Diskussion oder woran immer Sie arbeiten, fortsetzen.

2. Auch mit Lob können Sie einiges dazu beitragen, Besserwisser zu beruhigen und das Maß der Einmischung auf ein erträgliches zu bringen.
   »Sie haben sehr gute Arbeit geleistet. Durch Ihre Recherche können die nachfolgenden Kollegen sehr viel schneller vorankommen. Vielen Dank …«

3. Wenn Sie Besserwisser kritisieren, dann machen Sie es möglichst sanft. Sie wissen, wie schnell er oder sie persönlich gekränkt ist und das Selbstwertgefühl erschüttert werden kann. Kritik in Frageform ist eine in Watte gepackte Möglichkeit, auf das hinzuweisen, was

Ihnen wichtig ist: »*Wenn die Kunden nicht ganz in der von Ihnen prognostizierten Weise reagieren, was könnten wir noch tun, um xy zu erreichen?*«

Welche »Liebesbotschaft« an Sie könnte in dem Ärger über Besserwisser und Neunmalkluge versteckt sein?

Gemäß der Spiegelgesetz-Methode (S. 35 ff.) kann in dem Ärger über eine Nervensäge eine Botschaft an uns verborgen sein, ein Hinweis auf einen Glaubenssatz, der uns einschränkt.

Wie wäre es, dies zu überprüfen nach der 4-Schritte-Methode?

Zur Demonstration ein Beispiel. Hans Karsten ärgert sich über den Kollegen Fritsche, den er als Besserwisser wahrnimmt.

1. Schritt: Das nervende Verhalten beschreiben

Hans Karsten: »*Kollege Fritsche ist besserwisserisch, gibt zu allem seinen Senf: Es gibt kein Themengebiet, in dem er sich nicht auskennt. Immerzu muss er sich einmischen.*«

2. Schritt: Entschlüsseln und akzeptieren

Was kann jemand besonders gut, von dem behauptet wird, dass er

	Kann besonders gut	
… besserwisserisch sei	→	informiert, vorbereitet sein
… überall seinen Senf dazugibt	→	aktiv sein
… sich immer einmischt	→	motiviert, wissbegierig sein

Hans Karsten überlegt und formuliert daraus die mögliche Botschaft an sich:

»*Ich wünsche mir, gut informiert, vorbereitet zu sein. Ich möchte aktiv, motiviert und wissbegierig sein.*«

Hilfsfrage (zum Herauslocken des alten Glaubenssatzes): Was ist gefährlich oder schlecht daran, gut informiert, vorbereitet, aktiv, motiviert und wissbegierig zu sein?

Hans Karsten notiert auf einer Karte: »*Menschen, die so sind, gelten als Streber, wollen zu sehr im Mittelpunkt stehen, grenzen sich aus, weil sie als was Besseres gelten wollen.*«

3. Schritt: Erkennen und aufgeben
Hans Karsten erkennt seine Schwarz-Weiß-Malerei. Er verbrennt die Karte, auf die er zuvor den alten Glaubenssatz geschrieben hat.

4. Schritt: Einen neuen Glaubenssatz finden
Hans Karsten hat durch die Aufgabe des alten Satzes Platz für einen neuen Ansatz geschaffen, der ihm die Erlaubnis gibt, auch mal gegen den Strom zu schwimmen, sich durchaus mal abzuheben, sich hervorzutun. *»Ich erlaube mir, im Mittelpunkt zu stehen und mich stark zu engagieren.«*

Könnte das auch Ihr neuer Glaubenssatz werden, oder was steckt bei Ihnen möglicherweise hinter der starken Reaktion auf Besserwisser und Neunmalkluge? Finden Sie es heraus, indem Sie die vier Schritte gehen.

Arrogante und Hochnäsige

Chefredakteur Klein ist seit einem Monat im Verlag. Seitdem hat sich das Arbeitsklima im Haus völlig verändert. Er hat gleich zu Beginn deutlich gemacht, dass ab sofort ein anderer Wind weht. Wenn die Redakteurinnen und Redakteure ihre Artikel fertig gestellt haben, sind sie ihm vorzulegen. Manchen Artikel kommentiert er mit Sätzen wie: »*Das ist ja wohl nicht Ihr Ernst.*« Wenn eine Mitarbeiterin oder ein Mitarbeiter zu ihm kommt, um sich über die Art und Weise des Umgangs zu beschweren, lächelt er süffisant: »*Wir sind hier zum Arbeiten und müssen uns nicht alle lieb haben.*« Im Haus hat er nur einen Spitznamen: AA – das steht für, Sie können es sich denken, arrogantes Arschloch.

Mit Arroganz ist die Eigenschaft eines Menschen gemeint, die eigene Wichtigkeit und Bedeutung übertrieben hoch einzuschätzen. Das Wort stammt von dem lateinischen *arrogare,* was einerseits bedeutet, jemand erneut nach etwas fragen, andererseits (*sibi arrogare*) für sich in Anspruch nehmen oder – und damit kommen wir auf den heutigen Sinn – sich anmaßen.

Übrigens: auch Tiere kennen arrogantes Verhalten. Hier hat es eine wichtige arterhaltende Rolle. Arroganz ist so etwas wie die vorgeschaltete Form der Aggression. Der Pfau zeigt sein großes Rad, Hirsche ihr enormes Geweih, Löwen brüllen möglichst laut – alles dient dem einen Zweck: größer, mächtiger, beeindruckender zu wirken, um die eigene Überlegenheit zu demonstrieren, dem Gegner Angst zu machen, ihn einzuschüchtern, so dass ihm die Lust vergeht, sich mit dem mächtigen

Gegenüber anzulegen. Der praktische Nutzen: So kann man einen Kampf gewinnen, ohne dass es wirklich dazu gekommen ist.

Das erklärt, warum manche Menschen sich aufblähen, erheben, sich größer machen, als sie sind – eine echte Vermeidungsstrategie, um gar nicht erst die Auseinandersetzung wagen zu müssen. Denn viele Zeitgenossen lassen sich ganz wie im Tierreich durch das aufgeblasene Gebaren einschüchtern.

Eine kleine Randnotiz: Manchmal geht es mit dem Imponiergehabe auch gründlich daneben: Die Geweihe einer Elch-Art in Skandinavien wurden von Generation zu Generation eindrucksvoller und größer. Als die Eiszeit zu Ende ging, Pflanzen und Bäume wieder zu wachsen begannen, verhakten sich die Elche immer häufiger mit ihren enormen Geweihen in Bäumen und Sträuchern und verhungerten.[63] Vielleicht ein Warnhinweis an alle Arroganten, es nicht zu übertreiben. Man könnte sich sein eigenes Grab schaufeln ...

Was ist nun typisch für das Verhalten Arroganter?

Die auffälligsten Verhaltensmerkmale

- erheben sich gerne über andere
- auch nonverbal versuchen sie, die angebliche Überlegenheit zum Ausdruck zu bringen
- Gefühle anderer sind ihnen nicht wichtig und sie sind kaum in der Lage, die Gefühle anderer einzuschätzen
- geben ihren Mitmenschen das Gefühl, wenig von ihnen zu halten
- andere Menschen werden instrumentalisiert
- reden abfällig über andere
- sind häufig sehr aufstiegsorientiert und auf sich bezogen
- geben sich kühl, distanziert, unnahbar
- pochen auf Sachlichkeit
- legen Wert auf Statussymbole

Die mögliche positive Absicht

Was haben Arrogante davon, sich so zu verhalten? Möglicherweise gewinnen sie dadurch die Sicherheit, die sie innerlich so dringend brauchen. Denn Psychologinnen und Psychologen sehen Arroganz als ein Folge von tiefer Selbstunsicherheit. Viele Menschen haben in ihrer Kindheit extreme Gefühle von Ohnmacht erfahren, dies wollen sie nie wieder erleben und tun deshalb alles, um nicht erneut in eine solche Position zu kommen. Oft wurden Menschen, die sich arrogant geben, als Kind nicht oder zu wenig wahrgenommen. Das Kind lernte, viel zu leisten, um die gewünschte Aufmerksamkeit zu erhalten. Auch hier haben wir wieder einen Fall von Sehnsucht nach Anerkennung, nach Ernstgenommenwerden. Die positive Absicht der kühlen, überheblichen Art resultiert vermutlich aus dem, was man von kleinauf gelernt hat: die Gefühle möglichst unterdrücken, sich auf die Sache konzentrieren, Arbeit extrem wichtig nehmen. Dann kann einem keiner etwas anhaben.

Übliche Reaktionen

Viele Menschen werden wütend und aggressiv oder fühlen sich ohnmächtig ob einer solchen Kühle und Dreistigkeit. Bei manchen Menschen stellen sich auch Minderwertigkeitsgefühle ein, weil Arroganz mit Autorität in Verbindung gebracht wird. Sich mit ihm/ihr anzulegen oder gar noch Gefühle anzusprechen bzw. sich zu Gefühlsausbrüchen hinreißen zu lassen, ist kontraproduktiv. Ebenso sollten Sie sich Zynismus, Sarkasmus und Ironie verkneifen.

Empfehlenswerte Reaktion

Im Grunde ist jeder Umgang mit Arroganten eine echte Gratwanderung. Einerseits sollten Sie deutlich zum Ausdruck bringen, dass Sie ihn oder sie respektieren, anderseits sollten Sie Ihre Meinung vertreten – ohne darauf zu beharren.

Wenn Sie also ihm/ihr widersprechen, machen Sie es besser auf indirekte Art und Weise:

»Ich möchte zu Ihren Ausführungen noch etwas hinzufügen …«
»Meine Meinung zu diesem Thema …«

Sie sollten Arroganten möglichst auf der Ebene begegnen, die sie verstehen – also auf der Sachebene. Wenn Sie mit ihnen zu tun haben, ist es wichtig, sich gut auf das Gespräch vorzubereiten und gleichzeitig innerlich auf Distanz zu gehen. Erwarten Sie nicht zu viel – schon gar keine Zuwendung auf der emotionalen Seite. Da das Selbstwertgefühl von Arroganten häufig angeknackst ist, geben Sie ihnen, was gebraucht wird: Anerkennung.

Welche »Liebesbotschaft« an Sie könnte in dem Ärger über Arrogante und Hochnäsige versteckt sein?

Zur Demonstration wieder ein Beispiel: Bettina Stegner ärgert sich über die Kollegin Anders, die sie als Arrogante wahrnimmt.

1. Schritt: Das nervende Verhalten beschreiben
Bettina Stegner: »*Kollegin Anders ist arrogant, sie hält sich für etwas Besseres, für wertvoller als die anderen. Sie ist Einzelgängerin, klinkt sich oft aus. Wenn wir alle in die Kantine gehen, bleibt sie im Büro und arbeitet weiter, karrierebesessen wie sie ist.*«

2. Schritt: Entschlüsseln und akzeptieren
Was kann jemand besonders gut, von dem behauptet wird, dass sie …

	Kann besonders gut	
… sich für wertvoller hält	→	auf sich achten und die eigenen Interessen vertreten
… Einzelgängerin ist	→	allein gut zurecht kommen, unabhängig sein
… karrierebesessen ist	→	sich engagieren und an sich und den Erfolg glauben

Bettina Stegner formuliert daraus die mögliche Botschaft an sich:
»*Ich wünsche mir, auf meine eigenen Interessen stärker zu achten und sie zu vertreten. Ich möchte unabhängig von anderen sein und gut allein zurechtkommen. Ich will vorankommen und an meinen Erfolg glauben.*«

Hilfsfrage (zum Herauslocken des alten Glaubenssatzes): Was ist gefährlich oder schlecht daran, auf die eigenen Interessen zu achten und sie zu vertreten, unabhängig zu sein, allein gut voranzukommen und an den Erfolg zu glauben?

Bettina Stegner notiert auf einer Karte: »*Menschen, die so sind, denken nur an sich, sind unbeliebt, am Ende vereinsamen sie, weil niemand mehr mit ihnen etwas zu tun haben will.*«

3. Schritt: Erkennen und aufgeben
Bettina Stegner erkennt die Entweder-oder-Beschreibung. Sie verbrennt die Karte, auf die sie zuvor den alten Glaubenssatz geschrieben hat.

4. Schritt: Einen neuen Glaubenssatz finden
Durch die Aufgabe des alten Satzes gibt es Platz für den neuen Ansatz, der ihr die Erlaubnis gibt, auch mal ein eigenes Süppchen zu kochen und die eigenen Bedürfnisse und Interessen stärker zu achten. »*Ich erlaube*

mir, meine Interessen zu vertreten und mich um meine Karriere zu kümmern.«

Ist das ein neuer Glaubenssatz, der auch zu Ihnen passen könnte? Oder welcher Hinweis an Sie könnte sich hinter Ihrem Ärger über Arrogante verbergen?

Hinterhältige und Intriganten

Kollege Schneider kann ja so freundlich sein. Wenn man sich mal richtig gestresst fühlt zum Beispiel, kommt er einem zu Hilfe: »*Du Arme, sag doch ein Wort, das kann ich dir doch abnehmen. Und kann ich sonst noch was für dich tun?*« Echt kollegial – denkt man. Genau bis zu dem Tag, an dem man erfährt, dass er hintenherum gar nicht so freundliche Worte benutzt und überall breittritt, dass man wohl total überfordert sei mit dem Job, erst kürzlich hätte wieder »Landunter« geherrscht.Wenn er da nicht zu Hilfe gekommen wäre …

Die auffälligsten Verhaltensmerkmale

- sind Meister darin, Gerüchte zu verbreiten
- geben sich nach außen hin freundlich und hilfsbereit
- neigen zum Übertreiben, Lügen, Andeuten, Tratschen
- spielen Menschen gegeneinander aus
- stellen anderen Fallen
- horchen sie aus
- spricht man sie auf das Verhalten an, spielen die Hinterhältigen die Unschuld in Person

Die mögliche positive Absicht

Möglicherweise geht es dem oder der Hinterhältigen darum, Konkurrenten aus dem »Weg zu räumen«. Weil er/sie die Überlegenheit, Intelligenz, das bessere Aussehen fürchtet und Angst hat, da nicht mithalten zu können, versucht der hinterhältige Mensch hinten herum die Strippen zu ziehen.

Hinterhältige sind meist sehr unzufriedene Menschen, die sich schwach fühlen. Sie befürchten, einem offenem Vergleich nicht gewachsen zu sein, deshalb versuchen sie durch die Hintertür Konkurrenz aus dem Weg zu räumen. Sie trauen sich selber oft wenig zu, so dass sie den direkten Weg nicht gehen. Bei manchen steckt auch die Angst dahinter, nicht interessant und wichtig genug zu sein. Setzt man Gerüchte in die Welt, weiß man immer als Erste/r, was »eigentlich« los ist. Und: Man kann sich damit interessant machen. Gleichzeitig hat man auch Macht. Aus psychologischer Sicht steckt oft eine durch Lieblosigkeit und Missgunst geprägte Kindheit dahinter und Eltern, die den Nachwuchs viel kritisiert und wenig gelobt haben. Zudem lief vieles verdeckt, gab es kaum offene Kommunikation und viel Heimlichtuerei.

Übliche Reaktionen

Abwarten und Teetrinken ist mit Sicherheit keine gute Entscheidung. Viele Menschen sind erst einmal so perplex, wenn sich herausstellt, was hinter ihrem Rücken getrieben wird, dass sie gar nicht in der Lage sind, zu reagieren. Kaum zu glauben, Kollege X, der einem immer so freundlich unter die Arme gegriffen hat, mit dem man nach Feierabend sogar noch mal hin und wieder ein Bier trinken geht, dem man viel Persönliches anvertraut hat??? Unfassbar! Ob sich die, die einem das Ganze anvertraut haben, da mal nicht täuschen? Erst wenn dieser Verdacht wiederholt geäußert wird, beginnt so manche/r zu glauben, was ihm oder ihr da über den scheinbar so netten Kollegen berichtet wird.

Empfehlenswerte Reaktion

Wenn Sie erfahren, dass Kollege X oder Kollegin Y hinter Ihrem Rücken falsch spielt, gehen Sie in die Offensive und stellen Sie ihn/sie zur Rede – aber bitte unter vier Augen. Zuschauer wären kontraproduktiv, da sich Ihr Gegenüber aus Angst vor Gesichtsverlust mit Sicherheit verweigern würde. Sprechen Sie ruhig, aber klar und deutlich:

»Herr Fechner, bislang habe ich immer gedacht, dass wir ein gutes, kollegiales Verhältnis haben. Aber da habe ich mich wohl getäuscht. Was bringt Sie zu der Meinung über mich, dass ich …?«

»Herr Fechner, ich bin nicht bereit zu akzeptieren, dass …«

Sie können es natürlich noch deutlicher auf den Punkt bringen:

»Herr Fechner, mir gefällt absolut nicht, dass Sie hinter meinem Rücken reden. Das lasse ich nicht mit mir machen. Wenn Sie Kritik äußern wollen, dann seien Sie so ehrlich und sagen es mir direkt. Ich denke, wir haben uns verstanden.«

Oder mit Verwarnung: *»Herr Fechner, mir gefällt absolut nicht, dass Sie hinter meinem Rücken reden. Wenn das nicht sofort aufhört, werde ich andere Schritte einleiten.«*

Und lassen Sie sich von ihm oder ihr nicht einwickeln. Die Hinterhältigen sind Meister im Sich-Rausreden:

»Ach, das war doch ganz anders gemeint …«
»Nein, das hat die Frau Meier ganz falsch verstanden …«
»So habe ich das nie gesagt …«
»Das hätte ich nicht gedacht, dass Sie mir so etwas unterstellen, wo wir doch immer so gut zusammengearbeitet haben …«

Im Zweifelsfall können Sie sich Verbündete suchen, um gemeinsam dieses Treiben zu unterbinden. Im Idealfall erwischen Sie die Nervensäge auf frischer Tat – das dürfte allerdings ein absoluter Glücksfall sein. Es sei denn, Ihr zweiter Name ist Holmes und Sie haben ein ausgereiftes detektivisches Gespür.

Welche »Liebesbotschaft« an Sie könnte in dem Ärger über Hinterhältige und Intriganten versteckt sein?

Es fällt Ihnen schwer, sich vorzustellen, dass in einem so abstoßenden intriganten Verhalten eine positive Botschaft versteckt sein soll? Das liegt doch wohl auf der Hand, dass man so etwas ablehnt, jeder tut es! Kann das auch etwas mit beeinträchtigenden Glaubenssätzen zu tun haben? Schauen Sie selbst:

Zur Demonstration wieder ein Beispiel. Heinz Roland ärgert sich über den Kollegen Duba, den er als Hinterhältigen wahrnimmt.

1. Schritt: Das nervende Verhalten beschreiben

Heinz Roland: »*Kollege Duba ist hinterhältig. Er will wie ich die frei werdende Führungsposition, und ihm ist jedes Mittel recht, nur um mich schlecht zu machen. Er redet hinter meinem Rücken und spinnt ein regelrechtes Netz, in dem ich mich verfangen soll. Wie kann man nur so berechnend sein?*«

2. Schritt: Entschlüsseln und akzeptieren

Was kann jemand besonders gut, von dem behauptet wird, dass er …

	Kann besonders gut	
... hinterhältig ist	→	planen
... jedes Mittel nutzt	→	zielstrebig sein
... berechnend ist	→	strategisch sein

Heiner Roland formuliert daraus die mögliche Botschaft an sich:

»Ich wünsche mir, genau zu planen, zielstrebig meine Pläne zu verfolgen und strategisch dabei vorzugehen.«

Hilfsfrage (zum Herauslocken des alten Glaubenssatzes): Was ist gefährlich oder schlecht daran, genau zu planen, zielstrebig Pläne zu verfolgen und strategisch dabei vorzugehen?

Heinz Roland notiert auf einer Karte: *»Menschen, die so sind, sind eiskalt, unmenschlich und haben einen schlechten Charakter.«*

3. Schritt: Erkennen und aufgeben

Heiner Roland erkennt die Entweder-oder-Beschreibung. Er verbrennt die Karte, auf die er zuvor den alten Glaubenssatz geschrieben hat.

4. Schritt: Einen neuen Glaubenssatz finden

Durch die Aufgabe des alten Satzes gibt es Platz für einen neuen Ansatz, der ihm die Erlaubnis gibt, sein Ziel strategisch anzugehen und sich dazu zu bekennen.

»Ich erlaube mir, mein Ziel zu benennen, eine Strategie dafür zu entwickeln und diese Strategie Schritt für Schritt zu verfolgen.«

Um hier keine Missverständnisse aufkommen zu lassen: Ein solcher Glaubenssatz meint nicht: *»Ab sofort mache ich alles genauso wie Kollege Duba.«* Er bedeutet auch nicht, dass man hinterhältiges und intrigantes Verhalten als Kavaliersdelikt abtut. Es geht hier vielmehr darum, für sich selbst Wahlmöglichkeiten zu entwickeln, also einen anderen Umgang mit der speziellen Nervensäge zu finden. Statt sich dauernd über Kollege Duba aufzuregen, ist es für Heiner Roland sinnvoller, nach einem klärenden Gespräch die Energie in die eigenen Ziele zu investieren.

Aggressive und Choleriker

Sonja Sommers Vorgesetzter reißt die Tür zu ihrem Büro auf, statt eines »*Guten Morgen*« legt er gleich los: Mit hochrotem Kopf steht er vor ihr und beschwert sich lautstark: »*Was haben Sie sich dabei gedacht? Mit einem solchen Bericht soll ich in die Sitzung?!*« Während er mit der Faust auf den Tisch schlägt, redet er sich in Rage über die Konsequenzen, die die schlechte Arbeit haben wird. Ein typischer Fall von aggressiver Nervensäge mit starkem Hang zum Choleriker.

Die auffälligsten Verhaltensmerkmale

- schüchtern andere verbal und nonverbal ein
- verbreiten Angst und Schrecken
- kommunizieren oft im Hund-Herrchen-Stil (s. S. 65)
- tun sich schwer damit, Kritik anzunehmen
- geht etwas schief, sind grundsätzlich immer die anderen schuld
- unterbrechen häufig
- spannen Menschen für die eigenen Zwecke ein
- interessieren sich wenig für die Meinungen anderer Menschen
- wittern jederzeit und überall Konkurrenz und Feinde
- sind unberechenbar, launisch, aufbrausend, können sich nur schwer beherrschen
- werden oft laut, schreien und beschimpfen andere
- bereuen hinterher manchmal die An- bzw. Ausfälle

Die mögliche positive Absicht

Die Wurzeln sind – wieder einmal – in der Kindheit zu suchen: »Der (…) enttäuschte, nicht ausreichend erfüllte Wunsch nach Liebe, Zuwendung und Wertschätzung ist der häufigste Ausgangspunkt und geradezu idealer Nährboden für das Entstehen von aggressivem, feinseligem Verhalten gegen andere.«[64]

Eine weitere Erklärung könnte sein, dass der oder die Aggressive aus einem Elternhaus kommt, in dem ihm bzw. ihr vorgelebt wurde, dass sich in der Familie nur die Person durchsetzte, die aggressive Mittel einsetzte. Das erklärt aber noch nicht, was aggressive Menschen oder auch Choleriker davon haben, sich immer wieder so zu verhalten. Es könnte sich bei der positiven Absicht um so etwas wie verspätete Rache handeln. Was dem oder der Aggressiven als Kind an Leid zugefügt wurde, wird wie eine Vergeltungsmaßnahme nicht an die Eltern zurück-, dafür an Stellvertreter (Kollegen, Mitarbeiter am Arbeitsplatz) weitergegeben. »So kann frühes, in der Kindheit passiv erlittenes Leid später in der Erwachsenenzeit (z.B. am Arbeitsplatz!) aktiv rächend anderen zugefügt werden. Deshalb prügeln z.B. besonders die Eltern ihre Kinder, die als Kind selbst Prügel von ihren eigenen Eltern bekommen haben (Häufige Begründung: ›Hat ja nicht geschadet!‹).«[65]

Möglich ist auch, dass Choleriker mit ihren »Anfällen« Gefühle von Schwäche, Ohnmacht, Hilflosigkeit, Unzufriedenheit, Neid, Angst und Selbstunsicherheit bekämpfen. Oft herrscht ein früh erworbenes Gefühl vor, nicht gut, sondern böse zu sein. Über den Mechanismus Projektion (s. S. 30 f.) wird dieses Gefühl einem anderen Menschen, z.B. einem Mitarbeiter am Arbeitplatz, zugeschoben. Somit wird dieser zum Sündenbock, an dem sich der bzw. die Aggressive abreagieren kann, um eigene Schuldgefühle loszuwerden und sich nicht mit der eigenen inneren Misere befassen zu müssen. An dem Gegenüber, das stellvertretend zum Bösen geworden ist, bekämpft der oder die Aggressive etwas, was eigentlich in ihm bzw. ihr ist.

Vielleicht ist alles auch viel simpler: Aggressives Auftreten verhilft diesen Zeitgenossen dazu, den eigenen Willen durchzusetzen – ohne Rücksicht auf Verluste und mit dem berauschenden Gefühl, Macht über andere zu haben.

Wenn man andere in Angst und Schrecken versetzt, kann das wunderbar ablenken von der eigenen Angst, klein, hilflos und unbedeutend zu sein.

Übliche Reaktionen

Es gibt drei häufig vorkommende Reaktionsweisen. Erstens: sich von den Aggressiven und Cholerikern einschüchtern zu lassen und alles zu tun, um es ihnen recht zu machen. Die zweite übliche Reaktion: sich mit der Nervensäge während des Wutausbruchs anzulegen und auf direkte Konfrontation zu gehen und es ihr möglichst mit gleicher Münze heimzuzahlen. Dritte Variante: Beschwichtigungsversuche wie *»Ach, nun regen Sie sich doch nicht so auf. So schlimm ist die Sache auch wieder nicht.«*

Alle drei Reaktionen sind nicht empfehlenswert.

Sich mit der Nervensäge anzulegen oder aber auch alles beschwichtigen zu wollen sind Garanten dafür, dass noch mal so richtig Öl ins Feuer gegossen wird und die Nervensäge nachlegt.

Empfehlenswerte Reaktion

Generell sollten Sie darauf achten, keine Angst zu zeigen. Hat der/die Aggressive das Gefühl, dass das Gegenüber eingeschüchtert ist, verliert er oder sie womöglich die Beißhemmung. Für Aggressive und mehr noch für Choleriker ist das geradezu eine Einladung, erst recht weiterzumachen.

Bevor Sie sich bei einem aggressiven Anfall äußern oder Stellung beziehen, sollten Sie warten, bis er oder sie sich wieder abgeregt hat. Wenn die Kampfhormone wüten, ist es sinnlos, nur ein Wort zu sagen. Das wird Ihr Gegenüber ohnehin nicht erreichen. Also lassen Sie die Nervensäge erst mal wieder von der Palme kommen und vermeiden Sie die direkte Konfrontation. Sonst eskaliert die Sache.

Das heißt auf der anderen Seite aber nicht, sich einschüchtern zu lassen. Duckmäusertum ist völlig unangebracht. Es gilt, verbal und nonverbal Selbstbewusstsein auszustrahlen, ja, sich selbst zu behaupten. Wichtig: sich aufrichten, gerade Haltung und Blickkontakt haben – aber nicht anstarren oder sich kampfeslustig geben. Mit anderen Worten: standhaft sein, ohne angreifen oder zurückschlagen zu wollen.

Da auch bei Aggressiven und Cholerikern fehlende Selbstsicherheit und ein Mangel an Anerkennung eine Ursache für diese Form des Auftretens sein kann, sollten Sie zum Ausdruck bringen, dass Sie aufmerksam zuhören und ihn/sie generell akzeptieren (Sie erinnern sich: »Iich bin o.k. – du bist o.k.«), was ja nicht heißen muss, dass Sie das Verhalten akzeptieren.

Bleiben Sie ruhig (weitere Tipps dazu ab S. 117 ff.), und versuchen Sie mit deeskalierenden Techniken die Sachlichkeit zu fördern, z.B. mit der Rückfragetechnik:[66]

»Ich möchte verstehen, was Sie so ärgert. Was genau ist mit dem Bericht nicht in Ordnung?«

»Ich möchte gerne mit Ihnen darüber reden. Aber bitte lassen Sie uns das in Ruhe und möglichst sachlich tun.«

Sollte die Kritik berechtigt sein, nehmen Sie mit der Asche-auf-mein-Haupt-Technik[67] ihrem Gegenüber ein wenig den Wind aus den Segeln:

»Das tut mir Leid. Sie haben Recht, das war wirklich ein Fehler. Dafür möchte ich mich entschuldigen. Was kann ich zur Schadensbegrenzung tun?«

Bei unberechtigter Kritik weisen Sie den Vorwurf sachlich und bestimmt zurück.

»Sie haben etwas anderes erwartet. Aus meiner Sicht war es …«

Wenn Sie für den Fehler gar nicht verantwortlich waren:

»Ich kann verstehen, dass Sie sauer sind. Ich bin dafür jedoch nicht verantwortlich.«

Spätestens dann, wenn zu dem aggressiven Grundton noch Beleidigungen hinzukommen, ist es an der Zeit, einen deutlichen Riegel vorzuschieben, zum Beispiel mit der Abgrenzungstechnik[68]:

»Sie vergreifen sich im Ton. Das akzeptiere ich nicht. Wir können uns weiter unterhalten, wenn Sie wieder sachlich werden.«

Oder:

»Sie haben mich beleidigt. Ich erwarte, dass Sie sich dafür entschuldigen.«

Oder:

»Ich erwarte eine Entschuldigung. Ansonsten werde ich andere Schritte gehen müssen.«

Welche »Liebesbotschaft« an Sie könnte in dem Ärger über Aggressive und Choleriker versteckt sein?

Wem ist ein aggressiver Zeitgenosse, gar ein Choleriker oder eine Cholerikerin schon sympathisch? Es gibt wohl kaum jemanden, der nicht mit Ablehnung auf diese Menschen reagiert. Und trotzdem soll in dem Ärger darüber ein Hinweis auf einen behindernden Glaubenssatz stecken? Vielleicht entdecken Sie Parallelen zu dem folgenden Beispiel:

Oliver Patzold regt sich über seinen aggressiven Chef, Heinrich Mertens, auf.

1. Schritt: Das nervende Verhalten beschreiben

Oliver Patzold: *»Der Mertens ist so aggressiv und rücksichtslos. Der kleinste Fehler reicht und er flippt aus. Er ist sehr launisch und macht aus einer Mücke einen Elefanten, die eigenen Fehler aber ignoriert er.«*

2. Schritt: Entschlüsseln und akzeptieren

Was kann jemand besonders gut, von dem behauptet wird, dass er …

		Kann besonders gut
… aggressiv und rücksichtslos ist	→	sich durchsetzen
… launisch ist	→	Gefühle zeigen
… eigene Fehler ignoriert	→	sich selbst gegenüber großzügig sein

Oliver Patzold formuliert daraus die mögliche Botschaft an sich:

»Ich wünsche mir, mich durchzusetzen, Gefühle zu zeigen, mir selbst gegenüber großzügig zu sein.«

Hilfsfrage (zum Herauslocken des alten Glaubenssatzes): Was ist gefährlich oder schlecht daran, sich durchzusetzen, Gefühle zu zeigen, sich selbst gegenüber großzügig zu sein?

Oliver Patzold notiert auf einer Karte: *»Menschen, die so sind, denken zu viel an sich, sind unzuverlässig und machen sich lächerlich.«*

Stufe 3: Erkennen und aufgeben

Oliver Patzold erkennt die Schwarz-Weiß-Malerei nach dem Motto: Menschen, die x manchen, sind y. Er verbrennt die Karte, auf die er zuvor den alten Glaubenssatz geschrieben hat.

Stufe 4: Einen neuen Glaubenssatz finden

Durch die Aufgabe des alten Satzes gibt es Platz für einen, der ihm die Erlaubnis gibt, nicht so streng zu sich zu sein.

»Ich erlaube mir, meine Interessen und Ziele durchzusetzen, Gefühle zu zeigen und auch mal alle fünfe grade sein zu lassen.«

Auch hier noch einmal der Hinweis: Es geht nicht darum, nervende Verhaltensweisen zu rechtfertigen, zu entschuldigen oder klein zu reden – diese Methode dient einzig und allein dazu, für sich selbst einen Weg zu entwickeln, mit diesem nervenden Verhalten anders, d.h. besser umzugehen als bislang.

Nörgler und Miesmacher

Buchhalterin Brigitta Stelter kann man es einfach nicht recht machen: Sie findet immer ein Haar in der Suppe. Angefangen bei der Arbeitsorganisation über den Umbau der Kantine bis hin zum Betriebsausflug – sie hat immer etwas auszusetzen. So hat es ihr beispielweise nicht gepasst, »*sich in der Kantine vollpaffen zu lassen von den Abhängigen*«, wie sie es formulierte. Inzwischen ist mit dem Neubau eine separate Raucherecke entstanden, der größte Teil der Kantine bleibt rauchfrei. Doch die Erste, die sich nach dem Umbau über die Kantine mokiert, ist – Sie ahnen es – Frau Stelter. Jetzt sei alles viel zu kühl und ungemütlich. Der ganze Charme sei verloren gegangen. *»Da bekomme ich ja Magenschmerzen, wenn ich da mittags immer essen soll.«* Einige Kolleginnen und Kollegen machen möglichst einen großen Bogen, wenn sie Brigitta Stelter sehen, andere versuchen der Nörglerin auch mal positive Worte abzuringen. Meist vergeblich.

Die auffälligsten Verhaltensmerkmale

- sind mit allem und jedem unzufrieden
- finden immer ein Haar in der Suppe
- reden schlecht über andere
- zeigen auch körpersprachlich Verschlossenheit und Abwehr
- sind oft rechthaberisch
- sprechen oft in anklagendem Ton
- sind wie eine Klette immer auf der Suche nach dem idealen Opfer, um die Nörgelei loswerden zu können
- suchen die Schuld immer bei anderen
- beginnen Sätze oft mit *»Ja, aber …«*
- sehen immerzu Probleme

Die mögliche positive Absicht

Die Antwort auf die Frage nach der möglichen positiven Absicht findet sich aller Wahrscheinlichkeit wieder in Kindheitserfahrungen. Möglich, dass diese Zeit geprägt war von viel Kritik, Zurechtweisung und Nörgelei seitens der Eltern und anderer Bezugspersonen. »Wieder spielt der Mechanismus der Passiv-Aktiv-Umkehrung eine entscheidende Rolle (was einem früher angetan wurde, fügt man heute anderen zu).«[69]

Was gibt es dem Nörgler und der Nörglerin, sich mit miesmachendem Verhalten hervorzutun? Es ist möglicherweise der Versuch, Macht auf und Kontrolle über Mitmenschen auszuüben. Über die Schwarzmalerei, das Negativdenken, das »Haar-in-der-Suppe-Suchen« übt er bzw. sie Einfluss auf das Umfeld aus, das geradezu penetrant dazu gezwungen wird, sich mit den Nörgel-Gedanken zu beschäftigen – eine späte Genugtuung für das in der Kindheit erlebte Gefühl, alles falsch gemacht zu haben und unwürdig zu sein.

Übliche Reaktionen

Höflichkeit, Geduld, aktiv zuhören können – alles gute Eigenschaften, doch bei Nörglern und Miesmachern nicht empfehlenswert. Sonst fühlen sie sich unter Umständen so sehr bestätigt, dass sie sich weiter in ihre Nörgelei hineinsteigern. Also bitte vermeiden Sie verstärkende Bemerkungen wie:

- *»Ja, wirklich?«*
- *»... oh, ja, verstehe«*
- *»das ist wirklich schlimm«*
- *»... wie ärgerlich ...«*

Ansonsten werden Sie Nörgler nie mehr los.

Und lassen Sie sich auch nicht dazu verleiten, in eine Verteidigungsfalle zu tappen. Nach der Devise: *»Tut mir Leid, ja, Sie haben Recht, das ist jetzt schlecht gelaufen. Es war ja nur deshalb so, weil ...«* Damit leiten Sie ein endloses Gespräch ein, denn je mehr Sie sagen, desto mehr Stoff liefern Sie Ihrem Gegenüber, an dem er oder sie sich abarbeiten kann. Ein gefundenes Fressen.

Empfehlenswerte Reaktion

Die beste: Nörgler und Miesmacher meiden. Sie stehlen einem die Zeit und schaffen es im Nu, einem die gute Laune zu verderben und die Motivation zu rauben. Andere Möglichkeit: Abfangen – schon wenn sich die nörgelnde Nervensäge auf den Weg in Ihr Büro macht, am besten aufstehen, ihr entgegeneilen, kurz stehen bleiben und verdeutlichen, dass man auf dem Sprung ist. Da kann es sich Ihr Gegenüber gar nicht erst bequem machen.

Wenn Sie zwangsläufig mit dieser Spezies zu tun haben und sich nicht entziehen können, durchbrechen Sie die Nörgelei und bringen Ihre Meinung deutlich zum Ausdruck:

»Herr Wolf, ich sehe das anders ...«
oder:
»Nach meiner Erfahrung ist es ...«

Dies sollten Sie als Selbstschutz und Abgrenzungsmöglichkeit verstehen, nicht unbedingt als argumentativen Austausch. Denn es geht hier nicht um Logik und Überzeugung, weil sich Nörgler auch von den besten Argumenten nur schwer beeindrucken lassen.

Eine unfreundliche, oft aber ganz effektive Methode ist das scheinbare Nicht-Hinhören. Beispiel: Ein Nörgler legt wieder los und lässt sich über diese und jenes, aus, da unterbrechen Sie nach kurzer Zeit und sagen: *»Oh, Entschuldigung, ich habe gerade nicht zugehört. Wie kann ich Ihnen helfen?«* So mancher nörgelnden Nervensäge ist es zu mühsam, alles noch mal zu wiederholen, sie fühlt sich bei Ihnen nicht gut aufgehoben und sucht eine andere Adresse, wo sie die schrecklichen Dinge, die ihr widerfahren sind, besser loswerden kann.

Im Arbeitskontext kann man auch mit einer Hinhaltetaktik etwas bewirken, indem Sie Nörgler/-innen bitten, das Ganze schriftlich festzuhalten:[70] *»Bevor Sie die Sache hier vertiefen, scheint es mir angebracht, dass Sie mir dazu eine schriftliche Notiz machen.«* Auch das verdirbt den Nörgel-Spaß und Sie werden künftig verschont. Alternative: Sie machen Nägel mit Köpfen. Immer dann eine gute Wahl, wenn über andere Menschen hergezogen wird: Ihre mögliche Reaktion: *»Gut, Frau Hansen, die Vorwürfe gegenüber Frau Thomsen sollten wir gleich klären. Sie haben sicher nichts dagegen, wenn wir sie dazuholen.«* Dies ist für viele Nörgler/-innen der Punkt, an dem sie sich kleinlaut zurückziehen.

Was tun, wenn man in einem Meeting mit einem nörgelnden Kollegen zu tun hat? Ignoriert man ihn hier, macht er einem möglicherweise sämtlichen Ideen zunichte. In dieser Situation hilft es, die Nervensäge frühzeitig einzubinden und zu beschäftigen. Geben Sie ihr eine Aufgabe:

»Danke Kollege Meissner, dass Sie alle Aspekte im Auge behalten. Darum möchte ich Sie auch künftig bitten. Vielleicht könnten Sie eine Liste erstellen mit den wichtigsten Punkten …«

Oder:

»Ich sehe, die Zeit schreitet voran, wir sind noch längst nicht da, wo wir hinwollten. Deshalb mein Vorschlag: Wir beginnen jetzt und Sie, Frau Deitmer, sind so gut, bis zum nächsten Mal auszuarbeiten, welche Punkte noch zu berücksichtigen sind …«

Rhetorische Fähigkeiten sind notwendig, um die Nörgelei mit gezielten Fragen zu unterbrechen. Sie können so die Nervensäge aus dem so genannten Problemrahmen geschickt in den Zielrahmen lenken – mit anderen Worten: sie von der Nörgelei zum konstruktiven Mitdenken leiten.

Fragen, die dazu geeignet sind, könnten sein:

- *»Sie sind nicht davon überzeugt – was schlagen Sie stattdessen vor?«*
- *»Was sollten wir tun, um XY zu verhindern?«*
- *»Wie können wir es ändern?«*
- *»Was sollten wir tun, um Z zu erreichen?«*

Welche »Liebesbotschaft« an Sie könnte in dem Ärger über Nörgler und Miesmacher versteckt sein?

Sibylle Schüler ärgert sich maßlos über ihren Kollegen Helmut Heinze.

1. Schritt: Das nervende Verhalten beschreiben
Sibylle Schüler: »*Helmut Heinze nörgelt, wo er geht und steht. Er kann sich über die kleinste Kleinigkeit auslassen. Das dauert ewig, er ist so langsam und geht in jedes Detail. Und nimmt sich dabei so wichtig. Ihm ist auch egal, ob ich Zeit habe, mir das anzuhören oder nicht.*«

2. Schritt: Entschlüsseln und akzeptieren
Was kann jemand besonders gut, von dem behauptet wird, dass er …

	Kann besonders gut	
… sich über Kleinigkeiten ewig auslässt	→	sich Zeit lassen, beobachten
… sich selbst wichtig nimmt	→	auf sich achten
… rücksichtslos ist	→	sich auf eigene Interessen konzentrieren

Sibylle Schüler formuliert daraus die mögliche Botschaft an sich:
»*Ich wünsche mir, mir Zeit zu lassen, genau hinzugucken, auf mich zu achten und mich auf meine Interessen zu konzentrieren.*«

Hilfsfrage (zum Herauslocken des alten Glaubenssatzes): Was ist gefährlich oder schlecht daran, sich Zeit zu lassen, genau zu beobachten, auf sich zu achten und sich auf die eigenen Interessen zu konzentrieren?

Sibylle Schüler notiert auf einer Karte: »*Menschen, die so sind, denken zu viel an sich, werden von anderen abgelehnt und sind Egoisten.*«

Stufe 3: Erkennen und aufgeben
Sibylle Schüler erkennt die Entweder-oder-Formulierungen und verbrennt die Karte, auf die sie zuvor den alten Glaubenssatz geschrieben hat.

Stufe 4: Einen neuen Glaubenssatz finden
Durch die Aufgabe des alten Satzes gibt es Platz für einen neuen Ansatz, der ihr die Erlaubnis gibt, sich mehr Zeit für sich zu nehmen
»*Ich erlaube mir, mir mehr Zeit für mich zu nehmen, auch achtsam mit mir umzugehen und meine eigenen Interessen im Auge zu behalten.*«

Leidende und Gestresste

»Also, wie ich das noch schaffen soll. In immer kürzerer Zeit muss ich immer mehr Aufgaben bewältigen. Wenn ich abends nach Hause komme, bin ich nur noch erledigt. Ich habe einen Fehler gemacht – nach der letzten Krankschreibung habe ich viel zu schnell wieder angefangen zu arbeiten. Mein Arzt meinte auch, dass das nicht gut für mich ist. Schließlich war das ja eine Erkrankung, mit der nicht zu spaßen ist. So eine Magensache kann sehr langwierig sein. Und jetzt ist auch noch die alte Kniegeschichte wieder losgegangen. Wenn ich das Bein so halte, dann…«

Sie können einem Leid tun, die Leidenden und Gestressten. Sie sind nah verwandt mit der gerade vorgestellten Nörglergruppe. Was sie unterscheidet, ist, dass es bei dieser Klientel meist um Befindlichkeiten geht, um Krankheiten, um »unzumutbare« nervliche Belastungen.

Die auffälligsten Verhaltensmerkmale

- Gestresste haben stets das Gefühl, dass die Zeit drängt
- sind immer in Eile, selbst beim Essen lassen sie sich kaum Zeit
- fangen viele Sätze mit »ich muss noch …« an oder »ich kann nicht, weil…«
- versuchen häufig, mehrere Dinge gleichzeitig zu erledigen
- können nur schwer aufmerksam und in Ruhe zuhören; fallen anderen oft ins Wort
- sind ständig gereizt
- wollen ihre Umgebung gerne kontrollieren
- lassen kaum Platz für Unvorhergesehenes und geraten in Panik, wenn sich Außerplanmäßiges ereignet
- Leidende finden immer Gründe, warum es ihnen gerade wieder schlecht geht
- haben oft unrealistische Erwartungen und sind beim Nichteintreffen enttäuscht
- scheinen das Unglück geradezu anzuziehen
- sprechen mit nonverbalen Signalen wie Trauermine und hängende Schultern Bände
- können exzellent die schlechte Stimmung auf andere übertragen

Die mögliche positive Absicht

Leidende und Gestresste lechzen nach Mitgefühl. Das Jammern über die Arbeitsbelastung ist oft eine Art Hilferuf – meistens funktioniert er auch.

Kein Mensch will als gefühlskalt oder unsozial gelten und die armen Leidenden oder Gestressten allein lassen.

Das Leben der Leidenden ist von Kindheit an durch eine Kette von Enttäuschungen bestimmt. Elementare Bedürfnisse nach Liebe, Zuwendung, Versorgung, Aufmerksamkeit sind nicht erfüllt worden. Das Kind entwickelt massive Wut, die es jedoch nicht äußern kann, weil es von der oder den Bezugspersonen abhängig ist. Es könnte die elterliche Zuwendung noch mehr oder ganz verlieren. Infolgedessen richtet das Kind die aufgestaute Wut und Frustration nach innen, also gegen sich selbst. So leidet das Kind und der erwachsene Mensch vor sich hin – was auf die Umwelt wie ein permanenter Vorwurf wirkt allein schon durch Körperhaltung und Mimik, aber natürlich auch durch entsprechende Worte spürbar wird. Und da haben wir die mögliche positive Absicht: Der oder die Leidende übt auf subtile Art und Weise Macht aus.[71] Die Umwelt wird gewissermaßen gezwungen, sich mit ihm oder ihr zu beschäftigen. Häufig mit Erfolg: So manch eine/r entwickelt Schuldgefühle oder fühlt sich immerzu verantwortlich.

Übliche Reaktionen

»Mensch, der ist aber arm dran«, denkt man, wenn man mit diesen Menschen zu tun hat. Mitleid, Verantwortungsgefühl, ein schlechtes Gewissen – all das setzen Leidende und auch Gestresste frei. Wie gerade schon erwähnt: Viele Menschen entwickeln Schuldgefühle, meinen, sich um Leidende, Gestresste, vom Leben Bestrafte kümmern zu müssen. Ist ja auch erst mal in Ordnung. Nur wenn man dann feststellt, dass es sich bei diesen Nervensägen um Menschen handelt, die alles dafür tun, immer wieder zum Opfer zu werden, die aus der Stressfalle gar nicht rauswollen, dann ist jede Hilfe, jeder Rettungsversuch vergebens. Oder wie oft haben Sie es schon versucht, ein/e Leidende/n aufzumuntern, ihm oder ihr aus dem Tief herauszuhelfen? Und wie oft war Ihre Hilfe von Dauer? sehen Sie – ein wirklich aussichtsloses Unterfangen.

Der oder die Leidende will leiden, der oder die Gestresste findet immer einen Grund, warum der Druck gerade jetzt besonders stark und unerträglich ist. Und bei den Helfern verwandelt sich das Gefühl des Mitleids langsam, aber sicher in Wut, Ärger und Verzweiflung.

Empfehlenswerte Reaktion

Wenn irgend möglich: Machen Sie einen Bogen um diese Nervensägen, sonst besteht die Gefahr, dass Sie sich mit runterziehen lassen.

Denn was passiert, wenn Sie sich voll und ganz dem Leid widmen? Sie verlieren kostbare Zeit, sind am Ende mitgenommen von so viel Elend und der oder die Leidende geht – ein wenig gestärkt – von dannen. Bis zum nächsten Mal. Er bzw. sie weiß ja, wo man Sie findet und wieder neue Kraft tanken kann.

Machen Sie sich vor allem klar: Sie sind nicht verantwortlich, wenn dieser Typus von Nervensäge leidet und alles bei ihm oder ihr schief läuft. Sie sind auch nicht dafür zuständig, zu seiner oder ihrer Stimmungsaufheiterung beizutragen.

Wenn leidende Menschen also wieder bei Ihnen aufkreuzen, kommen Sie auf den Punkt:

»Herr Trube, das ist wirklich schrecklich. Nur ich bin dafür die falsche Ansprechpartnerin. Denn meine Zeit ist begrenzt. Damit ich keinen Ärger bekomme, muss ich jetzt weitermachen.«

Möglicherweise wirft Ihnen Ihr Gegenüber Egoismus vor, wenn Sie sich so kurz angebunden verhalten. Lassen Sie sich davon nicht beeindrucken, auch wenn es zugegebenermaßen nicht ganz leicht ist. Schließlich trifft der Vorwurf, egoistisch zu sein, die meisten Menschen am härtesten. Egoistisch zu sein, das haben wir alle von kleinauf gelernt, ist schrecklich und verachtenswert. Wird uns also dieser Vorwurf gemacht, fühlen wir uns oft automatisch schlecht. Es geht bei dem Egoismus-Vorwurf allerdings nicht wirklich darum, dass man Sie moralisch verurteilt. Letztlich will die Nervensäge eins: Sie zu ihrem eigenen Vorteil ausnutzen. Wenn ein Leidender Ihnen vorwirft, nur an sich zu denken, verdeutlichen Sie sich Folgendes: »Jeder Mensch ist egoistisch. Die größten Egoisten sind jedoch jene, die uns vorwerfen, wir seien egoistisch.«[72]

Welche »Liebesbotschaft« an Sie könnte in dem Ärger über Leidende und Gestresste versteckt sein?

Andreas Neumann regt sich wahnsinnig über seine ständig vor sich hinleidende Kollegin Sieglinde Kersten auf:

1. Schritt: Das nervenden Verhalten beschreiben

Andreas Neumann: *»Es ist unerträglich, wie Frau Kersten nervt. Dieses ständige Jammern und Leiden ist nicht zum Aushalten. Sie lässt ihre Stimmung immer raushängen, beansprucht wie selbstverständlich viel Zeit, ist egoistisch.«*

2. Stufe: Entschlüsseln und akzeptieren

Um herauszufinden, welch positiver Wesenskern von ihm in den negativ gespiegelten Eigenschaften verborgen sein könnte, stellt auch er die

Hilfsfrage: Was kann jemand besonders gut, von der behauptet wird, dass sie …

	Kann besonders gut	
… ihre Stimmung immer raushängen lässt	→	Gefühle zeigen
… viel Zeit beansprucht	→	sich Zeit nehmen
… egoistisch ist	→	an sich denken

Andreas Neumann formuliert daraus die mögliche Botschaft an sich:

»Ich wünsche mir, Gefühle zu zeigen, mir Zeit zu nehmen und an mich zu denken.«

Hilfsfrage (zum Herauslocken des alten Glaubenssatzes): Was ist gefährlich oder schlecht daran, Gefühle zu zeigen, sich Zeit zu nehmen und an sich zu denken?

Andreas Neumann notiert auf einer Karte: *»Menschen, vor allem Männer, die so sind, sind Weicheier, nicht für das harte Business geeignet und mimosenhaft.«*

Schritt 3: Erkennen und aufgeben
Andreas Neumann erkennt seine rigorose und einschränkende Haltung. Er verbrennt die Karte, auf die er zuvor den alten Glaubenssatz geschrieben hat.

Schritt 4: Einen neuen Glaubenssatz finden
Durch die Aufgabe des alten Satzes gibt es Platz für einen neuen, der ihm die Erlaubnis gibt, sich mit sich selbst zu beschäftigen und zu den Gefühlen zu stehen:

»Ich erlaube mir, auch Gefühle zu zeigen, mir immer wieder Zeit für mich selbst und meine Bedürfnisse zu nehmen.«

Vielleicht zum Abschluss noch ein, zwei allgemeine Anmerkungen zu der »Liebesbotschaft« und der positiven Ansicht. Selbstverständlich *müssen* Sie nicht bei jedem Konflikt, bei jedem Ärger über Nervensägen etwas Grundlegendes vermuten, das gewissermaßen in Ihnen rumort. Aber es ist *möglich*, dass einer Ihrer Glaubenssätze dazu beiträgt, die Wut noch hochzupeitschen. Es ist daher allemal einen Versuch wert, sich über eigene Überzeugungen und daraus resultierende mögliche Projektionen Gedanken zu machen.

Ich kann mir vorstellen, dass die eine oder der andere von Ihnen, als es um die positiven Absichten ging, dachte: *»Immer wird alles auf die Kindheit geschoben. Jetzt soll man auch noch Mitleid mit den Nervensägen haben. Die machen mir doch das Leben schwer …«* Um es noch einmal deutlich zu sagen: Sich mit den Hintergründen und der positiven Absicht von nervigen Verhaltensweisen zu beschäftigen, hatte nicht das Ziel, dass Sie in Bedauern ausbrechen wie: *»Ach, der arme Nörgler …«; »Was tut sie mir Leid, die Besserwisserin …«; »Was kann man nur tun, damit des dem Leidenden besser geht?«*

Es ging vielmehr darum, dass Sie sich selbst etwas Gutes tun: Wenn man weiß, dass viele Menschen nerviges Verhalten aufgrund menschlicher Schwächen an den Tag legen, können Sie künftig vielleicht gelassener und mit weniger Wut im Bauch mit derlei Zeitgenossen umgehen. Sie schonen damit Ihre Nerven und betreiben Zustandsmanagement. Was damit gemeint ist und was Sie noch für sich und Ihr Wohlergehen tun können, erfahren Sie ab Seite 117.

Zunächst widme ich mich noch zwei speziellen nervigen Zeitgenossen – den Quasselstrippen und Phrasendreschern.

Quasselstrippen und Phrasendrescher

Diese beiden Repräsentanten bilden aus meiner Sicht keine eigene Gruppe von schwierigen Menschen, denn Quasselstrippen und Phrasendrescher finden sich so ziemlich jedem Nervensägen-Vertreter – man denke nur an den dauerredenden Besserwisser, die phrasendreschende Nörglerin oder den aggressiven Sprücheklopfer.

Da sowohl das Quasseln als auch das Phrasendreschen jedoch sehr verbreitet sind, möchte ich sie an dieser Stelle noch einmal gesondert thematisieren und typische Verhaltensweisen und geeignete Reaktionsmöglichkeiten vorstellen.

Typisch Quasselstrippe

Im Kapitel Reden und Zuhören oder die wichtigesten Kommunikataionsregeln, S. 63 ff., lautete ein Tipp: Aktives Zuhören ist wichtig für einen wertschätzenden Umgang miteinander. Ich will an dieser Stelle auch nicht das Gegenteil behaupten: Allerdings kann man des Guten auch zuviel tun bzw. jeder Mensch hat das Recht, um nicht zu sagen sogar die Pflicht, auf eine gewisse Ausgewogenheit im Gespräch zu achten. Und wenn sämtliche Gesprächsanteile nur auf einer Seite liegen, dann kann man wirklich nicht mehr von einem Dialog reden. Quasselstrippen ist es oft egal oder sie haben kein Gespür dafür, ob ihr Gegenüber überhaupt zuhören will oder kann. Wenn so eine Nervensäge erst mal in Fahrt ist, kommt man nur schwer zu Wort. Ein Redeschwall folgt dem nächsten. Wer darauf wartet, dass die Quasselstrippe einmal innehält, um die Meinung des Gegenübers zu hören, wartet oft vergeblich. Es gilt, beherzt einzugreifen und zu unterbrechen. Das ist keine Unhöflichkeit, sondern »ein Liebesdienst, um einen guten Kontakt zu retten. Wenn ich merke, dass meine innere Zuhörbereitschaft unter eine kritische Schwelle sinkt, sollte ich diesen Zustand nicht allzu lange hinnehmen – nicht nur im Interesse der eigenen Vitalität, sondern auch um dem anderen kein falsches Interesse vorzuspielen.«[73]

Gegenmittel

Folgende Techniken helfen Ihnen, Quasselstrippen auszubremsen:

Stellen Sie ab sofort alle gesprächsunterstützenden Signale wie *»Ja«*, *»soso«*, *»aha«*, *»verstehe«* und *»Hm«* ein. Wenn Ihre Reaktion ausbleibt, irritiert das (hoffentlich) Ihr Gegenüber und lässt ihm/ihr ein Licht aufgehen.

Hilft das nicht, nehmen Sie die mögliche Reaktion Ihres Gegenübers vorweg und melden sich zu Wort: *»Ich möchte nicht unhöflich sein, wenn ich Sie jetzt unterbreche. Aber zum letzten Punkt muss ich direkt etwas sagen.«*

Sprechen Sie Ihr Gegenüber mit Namen an – das können Sie durchaus mehrmals hintereinander machen. *»Herr Hädicke, Herr Hädicke … ich möchte zum letzten Punkt etwas sagen … Herr Hädicke …«* Der eigene Name weckt sehr häufig die Aufmerksamkeit und lässt die Quasselstrippe zumindest kurz innehalten.

Sollte auch dieser Versuch nicht fruchten, bleibt Ihnen kaum etwas anderes übrig, als Ihrem Gegenüber – entgegen den Regeln der Höflichkeit – direkt ins Wort zu fallen. Geben Sie kurz und knapp wieder, was der oder die andere in vielen Worten zu erklären versuchte, und fügen Sie dann an, was Ihnen wichtig ist.

»Wenn ich Sie recht verstehe, geht es Ihnen um … Meiner Ansicht nach …«

Möglicherweise werden Quasselstrippen nicht sofort verstummen, wenn Sie zu sprechen beginnen. Lassen Sie sich nicht beirren, fahren Sie fort. Irgendwann wird er oder sie schweigen. Zeigen Sie, dass Sie den längeren Atem haben. Falls mehrere Menschen an dem Gespräch beteiligt sind, werden auch die es Ihnen danken.

Eine weitere Möglichkeit, Dauerrednern Einhalt zu gebieten: Stellen Sie eine geschlossene Frage, also fragen Sie etwas, worauf Ihr Gegenüber nur mit »ja« oder »nein« antworten kann. Sie greifen dann ganz kurz die Antwort auf (»*Interessant. Das sehe ich auch so*«), um dann sofort das anzuschließen, was Sie schon längst loswerden wollten.

Nutzen Sie bewusst die Körpersprache, um ein Signal zu setzen: Straffen Sie den Körper, neigen Sie sich ein wenig vor, nehmen Sie Blickkontakt auf und berühren Sie ggf. den Arm der Quasselstrippe, wenn Sie sagen: »*Moment bitte.*« Und fahren Sie fort mit einem Satz wie: »*Mir fällt Folgendes dazu ein.*«

Hilft all das nicht, dann müssen Sie zu deutlicheren Maßnahmen greifen. Unterbrechen Sie mit Worten wie folgenden:

»*Möglicherweise ist es Ihnen noch nicht aufgefallen: Wir können Ihnen kaum noch folgen. Es ist sicher interessant, was Sie beizusteuern haben. Aber einfach zu viel an Informationen. Geben Sie uns eine Chance, alles sacken zu lassen. Wie ich gesehen habe, möchten Frau Christen und Herr Menzel auch schon lange etwas sagen.*«

Mit dem Hinweis darauf, dass andere sich äußern möchten, sind Sie selbst zwar noch nicht am Zug. Aber vorausgesetzt, Frau Christen und Herr Menzel (oder wie auch immer die jeweiligen Kolleginnen und Kollegen heißen mögen) zählen nicht zu der Gattung der Dauer- und Vielredner, können Sie sich dann nach deren Diskussionsbeiträgen anschließen.

Ein leichteres Spiel mit Quasselstrippen haben Sie, wenn Sie allgemeine Spielregeln vereinbaren, zum Beispiel zu Beginn eines Meetings. Darin könnte die Dauer der Redebeiträge festgelegt werden. Dann können Sie freundlich, aber bestimmt auf die festgelegte Vereinbarung hinweisen und darauf, dass alle die Möglichkeit erhalten sollen, zu Wort zu kommen.

Im Zwiegespräch hilft manchmal auch die Aussicht auf Erfolg oder Bedürfniserfüllung: »*Sobald wir das hier beendet haben, kümmere ich mich um Ihr Anliegen.*« Dauerrednern wird klar gemacht: Ich habe etwas davon, wenn ich schnell zum Schluss komme.

Phrasendrescher

Die Stimmung in der Firma Geese & Söhne ist seit Monaten schlecht. Immer mehr Mitarbeiterinnen und Mitarbeiter klagen über das miese Arbeitsklima und dass sie immer weniger Lust haben, zur Arbeit zu kommen. Selbst diejenigen, die noch halbwegs motiviert sind, werden von der lähmenden Stimmung angesteckt. Klar, dass etwas passieren muss. Es wird eine sechsköpfige Arbeitsgruppe ins Leben gerufen, die Ideen für ein besseres Arbeitsklima entwickeln soll. Froh, dass sich endlich etwas bewegt, machen sich die Arbeitsgruppen-Mitglieder ans Werk und beginnen mit dem Meeting. Mit dabei: Paul Nöster. Er wurde – zu seinem Leidwesen – von der Chefin dazu bestimmt, in der Gruppe mitzuarbeiten. Seine Motivation geht gegen null. Und das lässt er die Gruppe auch spüren. Wann immer jemand einen Vorschlag macht, wie man die schlechte Stimmung verbessern könnte, weiß Paul Nöster schon von vornherein: »*Ach, das klappt doch sowieso nicht.*« Wahlweise mischt er sich ein mit: »*So was haben wir schon mal probiert. Beim letzten Mal hat's auch nicht geklappt*«, oder: »*Könnt Ihr vergessen – da machen die anderen sowieso nicht mit.*«

Es sind immer dieselben Aussagen, die eine Idee stoppen, einen Vorschlag torpedieren, eine Sitzung kaputtmachen. Die Rede ist von Killerphrasen. Dahinter verbergen sich pauschale Scheinargumente, die sich nicht wirklich mit einem Beitrag, einer Aussage, einem bestimmten Thema beschäftigen. Denn Killerphrasen sind – wie es der Name schon sagt – destruktiv. Oberstes Ziel: die Diskussion, das Gespräch, den Austausch abzutöten. Phrasendrescher setzen dieses Instrument deshalb so gerne ein, weil sie damit auf die Gefühls- und nicht auf die Sachebene zielen können, das heißt, ihnen gelingt es zumindest, den Gesprächspartner bzw. die Gesprächspartnerin zu verunsichern, in anderen Fällen auch zu provozieren und zu frustrieren und schließlich zum Schweigen zu bringen, weil es so schwer ist, sich gegen derlei Totschlagargumente zu wehren.[75]

Weil die Killerphrasen-Angriffe sich auf der emotionalen Ebene abspielen, wird es Ihnen wenig bringen, ernsthaft zu argumentieren. Sonst geraten Sie sehr schnell ins Hintertreffen. Killerphrasen können kaum argumentativ widerlegt werden, wie folgendes Beispiel verdeutlicht:

Killerphrasen-Vorwurf: »*Sie haben ja eh keine Ahnung!*«

Ernsthafte Antwort: »*Selbstverständlich habe ich Ahnung, denn ich habe bereits vor vier Jahren in dem Projekt … gearbeitet, zuvor war ich mehrere Jahre als … tätig. Nicht zuletzt zeigt mein Studium …*«

Wenn Sie auf die platte Bemerkung ernsthaft einsteigen und beginnen, sich zu erklären, zu rechtfertigen, womöglich noch zu entschuldigen, geraten Sie damit in eine unterlegene Position. Lassen Sie sich nicht dorthin drängen. Es gibt keinen Grund, sich zu verteidigen. Damit zeigen Sie nur, dass vielleicht an dem Pauschalvorwurf etwas dran ist, denn Sie reagieren sehr ausführlich, wirken dadurch getroffen. Mit anderen Worten: Die Killerphrase hat ihr Ziel, Sie emotional zu verunsichern, erreicht. Bei weiteren Zuhörerinnen und Zuhörern wird unter Umständen der Eindruck erweckt, dass an dem Vorwurf doch was dran sein könnte. Möglich auch, dass die anderen in der Runde sich gestört fühlen, weil man durch Ihre ausführlichen Erläuterungen immer mehr vom eigentlichen Thema abkommt. Dann sind anstelle des Phrasendreschers urplötzlich Sie in der Rolle des- oder derjenigen, der/die eine konstruktive Diskussion verhindert.

Gegenmittel

Bei Killerphrasen weitaus erfolgversprechender ist ein schlagfertiger Konter, der dem Gegenüber signalisiert: »*Freundchen, nicht mit mir.*«

Weisen Sie Phrasendrescher mit einer entsprechenden Reaktion in die Schranken, um dann inhaltlich wieder beim eigentlichen Thema weiterzumachen.

Es bleibt Ihrem Geschmack und der Art der Killerphrase überlassen, wie Sie reagieren:

- so ruhig und sachlich wie möglich (Cool-down-Konter)
- mit Witz bzw. Ironie (Humor-Ironie-Konter),
- einer Rückfrage (Rückfrage-Konter),
- Schärfe (Haifisch-Konter)
- oder einer deutlichen Benennung (Benennungs-Konter) reagieren.[75]

Beispiel: Sie hören die Killerphrase:

»*Sie haben ja eh keine Ahnung!*«

Sie könnten auf folgende Weise reagieren:

Cool-down-Konter:
»*Warten Sie ab, Sie werden überrascht sein.*«

Humor-Ironie-Konter:
»Das haben Sie ganz richtig erfasst. Es handelt sich bei mir nicht bloß um Ahnung, sondern um fundiertes Wissen.«

Damit zeigen Sie, dass Sie über den Dingen stehen und nicht gewillt sind, Energie zu verschleudern, indem Sie sich ernsthaft mit diesem Spruch beschäftigen.

Rückfrage-Konter:
»Wie kommen Sie darauf?«

Oder: »Was bringt Sie zu Ihrer Meinung?«

Die Rückfrage stellt den Versuch dar, die Diskussion zu versachlichen und den Ball zurückzuwerfen. Nun ist Ihr Gegenüber dran, konkret zu werden. Möglicherweise versucht er weiter, mit Pauschalierungen zu stören. Dann spielen Sie »Schallplatte mit Sprung« und haken erneut genau nach:

Killerphrasen-Reaktion: *»Weil das eh nicht stimmt, was Sie sagen.«*
Ihre Rückfrage: *»Was genau stimmt nicht?«*
Killerphrasen-Reaktion: *»Alles.«*
Ihre Rückfrage: *»Was meinen Sie genau?«*

Haifisch-Konter:
»Sie glauben wirklich, dass Sie das beurteilen können?«

»Wenn ich Sie so sehe, weiß ich, dass es immer noch schlimmer kommen kann.«

Eines muss Ihnen klar sein, wenn Sie scharf reagieren: Sie haben dem Gegenüber zwar die Grenzen aufgezeigt, eine solche Antwort aber kann die Auseinandersetzung unter Umständen zum Eskalieren bringen. Und damit ist der Diskussion ebenso wenig wie mit dem Phrasendreschen gedient.

Benennungs-Konter:
»Bitte lassen Sie diese Killerphrasen. Das führt uns in der Diskussion nicht weiter.«

Sagen Sie deutlich, dass Sie die Reaktion als Killerphrase enttarnt haben und daher nicht bereit sind, weiter darauf einzugehen. Fordern Sie Sachlichkeit.

Die beliebtesten Killerphrasen und passende Konter

Damit Sie Killerphrasen künftig auf den ersten Blick erkennen, hier ein Überblick über die »beliebtesten« Sprüche und passenden Konter:

Killerphrase: »*Das haben wir noch nie so gemacht.*«
Reaktion: »*Dann ist es gut, dass wir nun endlich damit anfangen.*«

Killerphrase: »*Theoretisch klingt das gut, praktisch lässt sich das nicht umsetzen.*«
Reaktion: »*Bin gespannt zu hören, worauf sich Ihre Meinung gründet.*«

Killerphrase: »*Hören Sie auf, das nimmt Ihnen eh keiner ab.*«
Reaktion: »*Warten Sie's ab. Sie werden überrascht sein.*«

Killerphrase: »*Die Frage kann man so nicht stellen.*«
Reaktion: »*Sie werden es nicht glauben: ich kann!*«

Killerphrase: »*Sie sehen das falsch.*«
Reaktion: »*Ich kann sie beruhigen. Mit meinen Augen ist alles in Ordnung. Ich war gerade erst beim Arzt.*«

Killerphrase: »*Das haben schon ganz andere versucht und nicht geschafft.*«
Reaktion: »*Da werden wir es eben ganz anders machen als die ganzen anderen.*«

Killerphrase: »*Ich weiß schon, wie das endet.*«
Reaktion: »*Karten oder Kristallkugel?*«

Killerphrase: »*Die anderen werden uns für verrückt erklären.*«
Reaktion: »*Das wurde Galileo Galilei auch, als er sagte, dass die Erde sich um die Sonne dreht.*«

Killerphrase: »*Das ist für uns nicht von Interesse.*«
Reaktion: »*Wenn wir den Anschluss nicht verpassen wollte, sollte es das aber.*«

Killerphrase: »*Das bringt doch alles nichts.*«
Reaktion: »*Kompliment. Sie haben das komplette Konzept in so kurzer Zeit durchgearbeitet, um dann zu seiner so fundierten Meinung zu kommen. Dann erklären Sie doch mal, warum alles nichts bringt.*«

Killerphrase: »*Sie wissen wohl immer alles besser, wie?*«
Reaktion: »*Nicht immer, aber immer öfter.*«

Killerphrase: »*Die Zeit ist zu knapp, um ewig rumzupalavern.*«
Reaktion: »*Ganz Ihrer Meinung. Wir sollten wieder sachlich reden.*«

Killerphrase: »*Das ist doch organisatorisch gar nicht zu bewältigen.*«
Reaktion: »*Was muss gemacht werden, damit es organisatorisch zu bewältigen ist?*«

Killerphrase: »*Die anderen werden dagegen sein.*«
Reaktion: »*Was halten Sie davon, wenn wir die anderen zunächst einmal fragen, bevor wir vorschnell urteilen?*«

Killerphrase: »*Das ist nicht unsere Aufgabe.*«
Reaktion: »*Falsche Zeit. Darf ich Sie korrigieren: Imperfekt: Das* ***war*** *nicht unsere Aufgabe.*«

Killerphrase: »*Wenn Ihr Plan so erfolgversprechend ist, warum hat es dann noch kein anderer gemacht?*«
Reaktion: »*So gute Pläne sind eben sehr selten.*«

Killerphrase: »*Es hat keinen Sinn, da lange drüber zu reden.*«
Reaktion: »*Da kann ich Ihnen nur zustimmen. Statt lange Killerphrasen zu dreschen, bin ich auch lieber für kurze, konstruktive Gespräche.*«

Übung: Killerphrasen kontern

Üben Sie doch gleich selbst einmal, Killerphrasen gekonnt zu parieren: Wie würden Sie kontern, wenn Sie hören:

1) Killerphrase: »*Dafür ist jetzt keine Zeit.*«
   Ihre Reaktion:

   ____

   ____

   ____

Lösungsvorschläge siehe Seite 151.

2) Killerphrase: »*Wäre ja noch schöner, wenn ich mich darauf einließe.*«
Ihre Reaktion:

____

____

____

Lösungsvorschläge siehe Seite 151.

3) Killerphrase: »*Darüber gibt es doch gar keine gesicherten Angaben.*«
Ihre Reaktion:

____

____

____

Lösungsvorschläge siehe Seite 151.

Checkliste – das Wichtigste auf einen Blick

- ☐ Typologien sind Konstrukte und haben ihre Schwächen. Sie werden einem Menschen in seiner Gesamtheit nicht gerecht. Sie können aber helfen, sein Verhalten besser einzuordnen und zu verstehen.
- ☐ Beschreibungen einzelner Typen lassen sich als Basis für den Umgang mit Nervensägen nutzen – als Ergänzung zu all dem, was noch wesentlich ist für den erfolgreichen Umgang mit schwierigen Menschen.
- ☐ Wer die positive Absicht einer Nervensäge erkennt, kann sich selbst etwas Gutes tun: Zu wissen, dass bestimmte Prägungen Menschen zu nervigem Verhalten bringen können, kann helfen, gelassener und nervenschonender zu reagieren.
- ☐ Hinter jedem Ärger über eine Nervensäge kann eine Botschaft an uns selbst verborgen sein, sich mit den eigenen einschränkenden Glaubenssätzen zu befassen und sie ggf. gegen hilfreichere auszutauschen.

Zustandsmanagement oder: Die Reise zur eigenen Mitte

»Gott gebe mir die Kraft, das zu ändern, was zu ändern ist, die Gelassenheit, das hinzunehmen, was nicht zu verändern ist, und die Fähigkeit, das eine vom anderen zu unterscheiden.«
Friedrich Christoph Oetinger, Theologe

»Ich bin ganz außer mir« – bestimmt kennen Sie diese Aussage. Den Satz kann man fast wörtlich nehmen: Manches regt einen so auf, dass man nicht mehr ganz bei sich ist. Dabei wäre der ideale Zustand, in sich zu ruhen oder noch besser: in seiner eigenen Mitte, locker und gelassen zu bleiben, was auch immer die Nervensäge sagt oder macht. Dies gelingt vielen Menschen leider selten. Nur allzu leicht gerät man aus dem Gleichgewicht, steht neben sich, fährt aus der Haut. Beispiel: Da haben Sie in bestem Wissen und Gewissen gehandelt, wollten einem Kollegen einen Gefallen tun, haben Ihre kostbare Zeit geopfert, doch der versteht das völlig falsch, zeigt sich alles andere als dankbar, unterstellt Ihnen im Gegenzug sogar noch egoistische Motive und nutzt die Gelegenheit für eine Generalabrechnung … Sie spüren die Wut in sich hochsteigen, merken, wie Sie immer mehr von Ihrem eigentlichen Kurs abkommen und dabei sind, gemeinsam mit dem anderen die Eskalationsstufen der Konflikttreppe hochzueilen. Obwohl Sie wissen, dass mit einer gehörigen Portion Wut im Bauch an ein konstruktives Gespräch kaum zu denken ist, lassen Sie sich auf die Auseinandersetzung ein. Wäre es jetzt nicht besser, sich zurückzulehnen und ganz gezielt darüber nachzudenken, wie Sie – vielleicht nur vorläufig – aus dem Gespräch aussteigen können, um bei anderer Gelegenheit wohlüberlegt mit dem Kollegen passende Worte zu wechseln? Eine echte Herausforderung, in einer hitzigen Situation wie dieser, sich selbst im Griff zu haben.

Dennoch sollte es – auch im Interesse der eigenen Gesundheit – Ihr Ziel sein, so oft wie möglich in einen Zustand zu gelangen, bei dem Sie ganz bei sich sind, sich treu bleiben, so wie Sie eigentlich sind, freundlich und zugewandt, überlegt und sympathisch, wertschätzend und höflich … Dabei hilft die Erkenntnis, dass Sie es durchaus selbst in der Hand haben, Ihren Zustand zu beeinflussen.

Den eigenen Zustand beeinflussen

Sie schützen sich gegen Nervereien, Provokationen, ärgerliche Geschehnisse am besten, indem Sie eine Unabhängigkeitserklärung[76] mit sich selbst vereinbaren, die so lauten könnte:

»Ich mache meine Stimmung nicht abhängig von anderen Menschen.«
Oder:
»Ich erlaube anderen nicht, über mein Wohlbefinden zu entscheiden.«

Wenn Sie sich von den negativen Einflüssen anderer nicht abschotten, hängen Sie wie eine Marionette an den Fäden, die andere Leute ziehen. Klassische Sätze, mit denen diese Abhängigkeit zum Ausdruck gebracht wird, sind:

»Ich muss mich wieder über Kollege Schulze ärgern …«, oder:
»Kollegin Sander sorgt dafür, dass es mir schon wieder schlecht geht…«

Wenn Sie erkennen, dass es keine Zwangsläufigkeit gibt, wie Sie reagieren *müssen*, und Ihre Wahlmöglichkeiten entdecken (*»Ich kann so, ich kann aber auch anders reagieren – das entscheide nur ich allein«*), dann erlangen Sie Ihre Unabhängigkeit und wohltuende Distanz zurück. Falls Sie das nächste Mal ansetzen zu sagen: *»Ich muss mich wieder über Kollege Schulze ärgern«*, könnten Sie sich selbst abstoppen mit einer Gegenfrage: *»Muss ich wirklich oder wer sagt eigentlich, dass ich mich ärgern muss?«*

Die Grafik auf der folgenden Seite zeigt, über welche Mechanismen und Faktoren Sie verfügen, um auf den eigenen Zustand Einfluss zu nehmen: Sowohl über

- die Körperhaltung, als auch über
- das Denken,
- das Gefühl
- und die Atmung

ist es möglich, selber über den Zustand zu bestimmen. Zu Ende gedacht besagt dieses Modell: Sie werden nervige Situationen nicht verhindern, aber Sie entscheiden, wie Sie in der jeweiligen Situation mit den nervenden Zeitgenossinnen und Zeitgenossen umgehen. Mit anderen Worten: »Du kannst die Brandung nicht aufhalten, aber du kannst surfen lernen.«

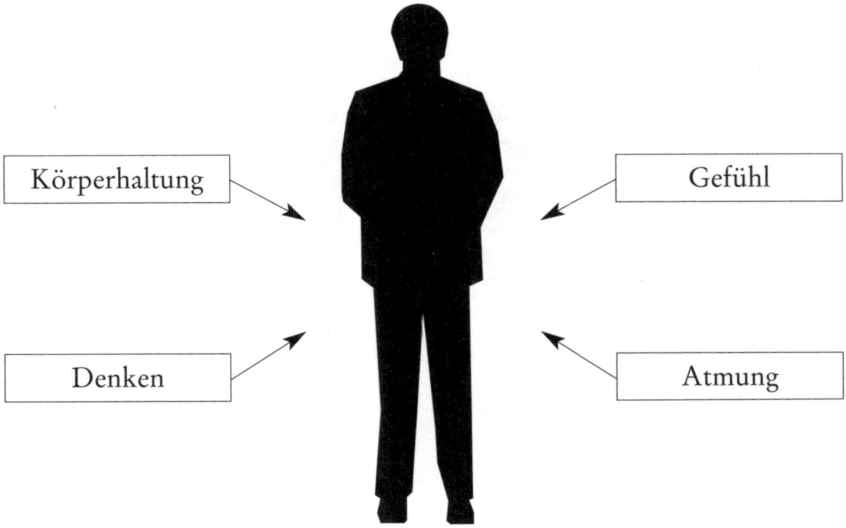

Körperhaltung

Wie lässt sich über die Körperhaltung Einfluss auf den eigenen Zustand nehmen? Viele Menschen wissen, dass für Ihre Außenwirkung die Körpersprache ganz entscheidend ist. Der amerikanische Verhaltensforscher Albert Mehrabian fand heraus, dass drei Komponenten wirksam sind, ob man überzeugend auf andere wirkt: Körpersprache, Stimme und Inhalt. Den größten Anteil daran hat die Körpersprache, die etwa zu 55 Prozent mitwirkt, gefolgt von der Stimme, die mit 38 Prozent beteiligt ist, und dem Inhalt, der mit lediglich 7 Prozent zu Buche schlägt.

Dass Körpersprache auch nach innen und damit auf den eigenen Zustand Einfluss hat, darüber sind sich viele Menschen nicht im Klaren.

Ein kleiner Test: Horchen Sie beispielsweise einmal in sich hinein, wie Sie sich fühlen, wenn Sie Kopf und Schultern hängen lassen und die Mundwinkel nach unten zeigen. Bleiben Sie einen Augenblick in dieser Haltung. Im Nu machen sich Trübsinn und Unwohlsein breit. Stimmt's? Also steuern Sie dagegen: Geben Sie Ihrem Wohlgefühl einen Kick durch eine aufrechte Haltung, eine dynamische Gestik und eine freundlich-offene Mimik.

Übungen

Um die Verbindung von Körperhaltung und innerem Zustand noch klarer nachzuempfinden, können Sie folgende Übungen ausprobieren.

- Stellen Sie sich vor einen Spiegel bzw. eine Videokamera. Versuchen Sie, sich in folgende Gefühlslagen hineinzuversetzen und sie körpersprachlich darzustellen:
  1. **Stolz:** Darstellungsmöglichkeit z.B. mit aufrechter Haltung, geradem Blick, entschlossener Mimik, Betonung der Brustpartie (= stolzgeschwellte Brust) …
     Verharren Sie ein, zwei Minuten in dieser Haltung. Nehmen Sie bewusst den körpersprachlichen Unterschied zum Ausgangs-Gefühlszustand wahr. Bleiben Sie wieder ein, zwei Minuten in dieser Haltung, um dann zur nächsten überzugehen.
  2. **Wut:** Darstellungsmöglichkeit z.B. angespannte Gesichtszüge, Stirn in Falten, krause Nase, gefletschte Zähne, angespannte Körperhaltung, angewinkelte Arme … Gehen Sie genauso vor wie bei 1.
  3. **Selbstsicherheit:** Darstellungsmöglichkeit z.B. entspannte, offene Gesichtszüge, offener Blick, gerade Haltung, mit beiden Beinen fest auf dem Boden stehend, »erhobenes Haupt«, ruhige Gestik …Genießen Sie dieses selbstbewusste Gefühl. Führen Sie sich lächelnd Ihre Stärken vor Augen. Prägen Sie sich ganz bewusst diese Haltung ein und schauen Sie sich – sofern Sie eine Videoaufnahme gemacht haben – gerade diese Haltung noch einmal genau an.
     Diese Übung ist dazu geeignet, die Körpersignale als Instrument für das eigene Wohlgefühl bewusst einzusetzen.
- Wenn Sie sich selbst beobachten und feststellen, dass Sie wie ein Trauerkloß in der Ecke hocken, steuern Sie gezielt dagegen. Menschen, die gestresst oder genervt sind, haben eine ganz typische Körperhaltung: die Schultern hängen herunter, der Rücken ist krumm, das Kinn gesenkt, die Augenbrauen sind zusammengezogen, der ganze Körper steht unter Anspannung. Um wieder ruhiger zu werden, sollten Sie bewusst eine gegenteilige Haltung einnehmen. Lockern Sie Arme, Schultern, Hände, richten Sie sich auf, heben Sie das Kinn an und strecken Sie den Rücken durch.

- Steigt der Ärger über einen Menschen trotz aller Beruhigungsversuche langsam in Ihnen hoch und Sie befürchten, dass Sie sich nicht mehr lange beherrschen können, dann setzen Sie sich in Bewegung. Verlassen Sie das Büro oder wo immer Sie sind und verschaffen sich Luftveränderung. Gehen Sie mit kräftigen Schritten einmal um den Block, lassen Sie die Schultern kreisen und wenn's ganz hart kommt, können Sie auch auf ein imaginäres Gegenüber einboxen. Das hilft, sich abzureagieren – und schont im Übrigen auch Ihr Herz-Kreislauf-System. Allemal besser, als den Ärger in sich hineinzufressen oder gar unsachlich zu werden und durch eine Explosion das eigene Image zu beschädigen. Sind Sie den ersten Ärger losgeworden, haben Sie auch wieder den Kopf frei, um in Ruhe zu überlegen, wie Sie nun auf Ihre Nervensäge reagieren *wollen*.

Denken

Haben Sie schon mal folgendes Sprichwort gehört: »Nichts ist so schlecht, als dass es nicht für irgendwas gut wäre«? »*Nur ein Spruch*«, sagen Sie? Für mich ist es mittlerweile ein probates Hilfsmittel geworden, um mich aus einer trübsinnigen Gedankenspirale zu befreien. Vielleicht haben Sie es am eigenen Leib gespürt, dass vermeintliche Nachteile, Rückschläge, Misserfolge, Niederlagen auch einen positiven Aspekt haben oder sich im Nachhinein sogar als eigentliches Glück erwiesen.

So gibt es immer wieder Menschen, die von einschneidenden Situationen erzählen, die zum Wendepunkt in ihrem Leben wurden. Durch Trennungen, Kündigungen, Erkrankungen und andere Krisen wachgerüttelt, fangen Menschen an, grundsätzlich über sich nachzudenken: Ist es das, was ich immer wollte? Bin ich da, wo ich hinwollte? Was ist mir wirklich wichtig?

Die Krise hat so gesehen etwas Gutes – sie ist für manchen ein Anlass, in seinem Leben etwas Grundlegendes zu verändern, Prioritäten anders zu setzen und damit eine ganz neue Lebensqualität zu entwickeln.

Wenn bei Ihnen das nächste Mal etwas schief läuft und sich nicht so entwickelt, wie Sie dachten, könnten Sie sich selbst die Frage stellen: Welchen positiven Aspekt gibt es? Was daran ist von Vorteil?

Es muss ja nicht immer gleich die große Lebenskrise sein, die Sie zum Anlass nehmen, sich auf das Positive zu konzentrieren, auch die alltäglichen Herausforderungen des Lebens sind dazu schon geeignet.

Beispiel:

- Der Auslandsjob hat nicht geklappt – okay, dafür muss ich meinen tollen Freundeskreis nicht aufgeben.
- Eigentlich wollte ich abnehmen, doch seit dem letzten Wochenende stagniert das Gewicht – dafür hatte ich einen unterhaltsamen Grillabend, bei dem ich so viel gelacht habe wie schon lange nicht mehr.
- Ich stehe hier im Stau auf der Autobahn – dafür habe ich Gelegenheit, diesen wunderschönen Regenbogen in Ruhe zu genießen.

Der innere Dialog

Insbesondere dann, wenn etwas schief läuft, sollten Sie gut mit sich umgehen, statt sich mit Vorwürfen zu traktieren. Achten Sie darauf, in welcher Form Sie mit sich reden. Wie klingt Ihr innerer Dialog? Freundlich, wohlgesonnen, mutmachend? Oder streng, unnachgiebig, sogar beleidigend wie: »*Du blöde Kuh, wie konntest du nur*?« oder »*Du armer Trottel, war ja klar, dass das nichts wird?*« Kein Wunder, dass man bei derlei Worten nicht mehr bester Laune und voller Tatkraft fortfahren kann, sondern dass sich Demotivation und Trübsal ausbreiten. Würden Sie eigentlich auch so mit einem guten Freund, einer guten Freundin reden? Wahrscheinlich nicht. Seien Sie sich selbst Freundin oder Freund!

Täglich gehen uns ungefähr 50.000 Gedanken durch den Kopf – das meiste sind Gedanken über uns selbst. Wenn davon viele immer wieder negativ sind, kann man sich ungefähr ausmalen, was sie anrichten – das Selbstbewusstsein leidet, die Stimmung geht den Bach runter, die Motivation erlahmt. Und da beginnt der Teufelskreis: Mit einer schlechten Stimmung habe ich eine ebensolche Ausstrahlung, und siehe da, die anderen reagieren auf mich entsprechend, was die Stimmung noch weiter nach unten zieht. Passen Sie also auf Ihre Gedanken auf, denn: »Ganze 95 Prozent deines Denkens und Fühlens sind bestimmt von der Art, wie du mit dir selbst sprichst. Dein innerer Dialog wird wie die Kommandos deines Unbewussten akzeptiert.«[77]

Selbst wenn Sie an einer Situation partout nichts Positives entdecken können (wollen?), gibt es einen Trost: Sie können sich immer fragen: »*Welche Lehre kann ich daraus ziehen, um fürs nächste Mal besser gewappnet zu sein?*« Damit wir uns nicht falsch verstehen – es geht nicht darum, Trauer, Wut oder Ärger zu verdrängen. Das sind wichtige Gefühle, die ernst zu nehmen und zu akzeptieren sind. Schwierig wird es, wenn diese Gefühle Ihr Leben so dominieren, dass sie damit alles andere überschatten oder Sie förmlich lähmen. Spätestens dann ist es an der Zeit, sich damit auseinander zu setzen, ggf. professionelle Hilfe in Anspruch zu nehmen. Um zu verhindern, dass man nur noch Probleme, Schwierigkeiten, Nachteile sieht, sind die zuvor vorgestellten Techniken hilfreich. Damit gelingt es Ihnen, aus der negativen Gedankenwelt wieder aufzutauchen und auch die Lichtblicke wahrzunehmen, Hoffnung zu finden und somit peu à peu einen besseren Zustand zu erlangen.

Magic moments

Ihre Gedanken können Sie also steuern, indem Sie bewusst selektiv wahrnehmen und sich dazu bringen, gezielt nach den positiven Aspekten zu schauen. Diese Fähigkeit lässt sich üben, wie mein Kollege Christian Birteholz empfiehlt: Bevor Sie abends einschlafen, fragen Sie sich: »*Was war heute mein Wunder-Augenblick?*«, noch besser: »*Was waren heute meine Wunderaugenblicke?*« Denn davon gibt es bestimmt mehrere. Das Faszinierende an dieser Übung: Je öfter man sie praktiziert, desto mehr solcher magic moments wird es geben. Wunderaugenblicke können sein: das zauberhafte Lächeln der Wurstverkäuferin, die witzige Begegnung mit einem kleinen Hund, eine besondere Wolkenformation am Himmel, der Flug der Schwalben, die ersten Krokussse im Mittelstreifen, ein frisch gezapftes Bier im Biergarten nach einem stressigen Tag, ein besonderer Geruch beim Vorbeigehen, der Anruf einer »verschollenen« Freundin, ein Sonnenaufgang … es gibt Tausende von Wunderaugenblicken. Es gilt nur, sie auch wahrzunehmen.

Mit der bewussten Orientierung auf magische Momente wird klar, was uns Gutes passiert, das baut auf, macht Mut und nicht zuletzt gute Laune. Und es ist darüber hinaus eine gute Übung, um das Augenmerk mal auf das Positive, das Gelungene, kurz: die schönen Seiten des Lebens zu lenken. Viele Menschen haben genau den entgegengesetzten Blick. Sie konzentrieren sich darauf, was nicht geklappt hat, was sowieso schief gehen wird, was wieder schrecklich war …[78]

Während die Magic-moments-Übung eher als langfristiges oder vorbeugendes Instrument zu sehen ist, können Sie sich mit der folgenden kurzen Übung gedanklich in der akuten Situation wieder auf den Boden zurückholen. Ich nenne die Übung »Kirche im Dorf lassen«, ganz einfach, weil sie einem recht schnell klar macht, dass es durchaus Schlimmeres im Leben gibt als diese momentan zwar nervige, aber doch vielleicht nicht so wichtige Situation.

Wenn Sie sich gerade wieder aufregen über das nervende Verhalten eines Zeitgenossen, stellen Sie sich eine einzige Frage: »*Was bedeutet diese Situation für mich in fünf Jahren?*« Jede Wette, dass so mancher Wutanfall daraufhin schnell verraucht …

Gefühl

Sind Sie auch davon überzeugt, dass Gefühle kommen und gehen – je nach Ereignis, Umfeld, Situationen, denen man ausgesetzt ist? Wie soll man darauf Einfluss nehmen, fragen Sie sich vielleicht. Dabei sind Sie längst »ein alter Hase« darin, sich gute Gefühle zu verschaffen. Oder was passiert, wenn Sie eine CD oder Kassette mit Ihrer Lieblingsmusik einlegen? Wenn Sie sich nach der harten Arbeit ein entspannendes Vollbad mit einem wohltuenden Badezusatz gönnen? Oder wenn Sie sich im Sommer nach Feierabend zur Belohnung für den langen Arbeitstag mit Freunden zu einem gemütlichen Tagesausklang im Biergarten verabreden? Allein die Aussicht auf eine laue Sommernacht in angenehmer Atmosphäre wirkt vielleicht schon so sehr animierend oder verlockend, dass diese Vorfreude Ihnen über den anstrengenden Tag hilft. Das quasi vorweggenommene Gefühl kann Sie manch nervige Situation am Arbeitsplatz besser überstehen lassen. Genau das ist Zustandsmanagement über den Gefühlskanal: Sie tun sich etwas Gutes, indem Sie ein Instrument in der Weise einsetzen, dass sich damit prompt angenehme Emotionen einstellen.

Anker setzen

Jetzt wenden Sie möglicherweise ein: »*Okay, ich kann schon etwas machen, nur zeitlich ist es mir nicht immer möglich, mich zu belohnen oder mich zu verabreden oder sonst etwas Schönes vorzunehmen, damit es mir wieder besser geht.*« Die gute Nachricht: Einen guten Zustand hervorzurufen muss nicht immer zeitlich aufwändig sein, denn Sie müssen das schöne Ereignis, das Sie motivieren könnte, in dem Moment gar nicht wirklich erleben, es kann schon reichen, dass Sie so tun, als ob. Allein die Erinnerung an ein intensives Erlebnis kann für eine positive Zustandsbeeinflussung sorgen. Gerade habe ich es mit dem Biergarten-Beispiel angedeutet: Bereits der Gedanke, heute Abend geht es beispielsweise in den Biergarten, kann beflügeln, wenn Sie diese Erfahrung mit positiven Gefühlen verknüpfen – die angenehme Atmosphäre, das laue Lüftchen, das erfrischende Getränk, die entspannten Gespräche mit den Freunden ... Nach demselben Prinzip können Sie immer arbeiten, wenn es Zeit ist für eine Gefühlsaufbesserung. Der Tipp: Installieren Sie sich einen Anker für Ressourcen, die Sie immer wieder zur Verfügung haben möchten, z.B. Gelassenheit, Freude, Zuversicht, Entspannung etc. Mit dem Wort Anker ist ein Stimulus oder auch Auslöser gemeint, mit dem Sie eine ganz bestimmte, immer gleiche Reaktion hervorrufen können.

Im Grunde ist unser Leben voller unbewusster Anker, also Reize, die uns beeinflussen und bestimmte Gefühlsreaktionen auslösen: eine Geste, ein Dialekt, der Geruch eines Parfüms, ein Lied … Sie selbst können ganz bewusst neue Anker installieren. Wie? Das zeigt folgende Übung:

Übung: Ressource ankern

- Finden Sie eine Ressource, ein Gefühl, das Sie jederzeit zur Verfügung haben möchten (z.B. Gelassenheit, Distanz, Sicherheit etc. …)

- Wählen Sie irgend eine Handbewegung aus, die als so genannter Anker fungiert. Mit dieser Handbewegung werden Sie sich künftig immer wieder an das angenehme Gefühl erinnern. Wichtig ist, dass die Handbewegung einfach und wiederholbar ist und trotzdem einzigartig. Möglichst keine Bewegung, die Sie ohnehin sehr häufig machen. Der Anker sollte darüber hinaus sozialverträglich sein, also eine Bewegung, die nicht sonderlich auffällt, wenn Sie sie in Gesellschaft von anderen Menschen machen. (Vorschlag: Sie könnten zum Beispiel eine Hand ballen, die Finger gegeneinander pressen, sich am Ohrläppchen zupfen …) Entscheiden Sie, welche Handbewegung für Sie die richtige ist.

Zum Ablauf: Ich empfehle Ihnen, den Text zunächst nur durchzulesen und dann die Schritte in Ruhe zu wiederholen – am besten mit geschlossenen Augen, um sich ganz in die jeweilige Situation hineinzubegeben. Noch besser wäre es, wenn Sie jemanden an Ihrer Seite haben, der oder die mit Ihnen diese Übung macht. Dann ist es leichter, sich auf den Prozess einzulassen.

- Erinnern Sie sich an eine Situation, in der Sie genau das Gefühl, die Ressource, die Sie gern öfter hervorrufen möchten, intensiv erlebt haben. (Wichtig: Erinnerte Situationen können Sie nur dann ankern, wenn Sie in der Originalsituation assoziiert, also selber direkt beteiligt waren, so dass Sie das gewünschte Gefühl auch selbst erlebt haben. Wenn Sie eine Situation nur von außen beobachtet haben, ist das Erleben sehr wahrscheinlich nicht intensiv genug und von daher kaum zu ankern.) Was ist das für eine Situation?

- Tauchen Sie jetzt noch einmal ein in diese Situation, so als wäre es jetzt. Wie ist Ihr Gefühl? Wie geht es Ihnen? Lassen Sie mal den Blick schweifen. Was sehen Sie, was hören Sie? Nehmen Sie alles wahr, was diese besondere Situation ausmacht. Und genießen Sie das angenehme Gefühl, diesen ressourcevollen Zustand. Begeben Sie sich ganz intensiv in die Situation hinein.

- Kurz vor dem Höhepunkt der Intensität, wenn Sie merken, das ist der Zustand, den Sie öfter erleben möchten, machen Sie die Handbewegung, man kann auch sagen, setzen Sie Ihren Anker. Spüren Sie dem Gefühl nach.

- Nun möchte ich Sie bitten, aufzustehen, sich zu recken und zu strecken, einmal um den Platz herumzugehen und sich dann wieder zu setzen.

- Denken Sie jetzt an eine Situation, in der Sie den Anker gut hätten gebrauchen können oder künftig gebrauchen können. Wann wäre es hilfreich, diese Ressource zur Verfügung zu haben? Stellen Sie sich vor, Sie sind jetzt in dieser Situation. Was sehen Sie, was fühlen Sie? Gibt es etwas, was Sie hören können? Wenn Sie das dringende Bedürfnis haben, die Ressource jetzt zur Verfügung haben zu wollen, dann lösen Sie in diesem Moment Ihren Anker aus und warten Sie gespannt, was passiert …

Wie fühlen Sie sich? Konnten Sie die Ressource aktivieren?

Wie war es, als das angenehme Gefühl sich langsam ausgebreitet hat?

Wenn es beim ersten Mal noch nicht so gut geklappt hat, wiederholen Sie noch einmal den gesamten Ablauf.

Ist es gut verlaufen, wissen Sie: Sie können jederzeit auf diese Ressource zurückgreifen. Wann immer Sie das gewünschte Gefühl benötigen, können Sie es mithilfe Ihres Ankers aktivieren.

Übrigens: Anker nutzen sich mit der Zeit und durch regelmäßigen Gebrauch ab. Es ist gut, sie nach einigen »Einsätzen« wieder aufzuladen, also den Prozess, den ich gerade beschrieben habe, noch einmal zu wiederholen.

Die Funktionsweise des Ankerns ist vergleichbar mit Konditionierungsprozessen, die vielen durch das Beispiel des Pawlow'schen Hundes bekannt sind. Der Hund lernt: Immer wenn eine Glocke läutet, gibt es Futter. Irgendwann genügt der Klang der Glocke, um beim Hund den Speichelfluss auszulösen. Dieses Experiment zeigt, dass innere Reaktionen mit einem äußeren Reiz verbunden werden können.

Mehr Ruhe, mehr Gelassenheit, weniger Aufregung – das wünschen sich viele Menschen gerade in hitzigen Gesprächssituationen oder im Umgang mit Nervensägen. Neben dem Ankern ist die Distanzmethode ein hilfreiches Instrument, das Sie darin unterstützen kann. Wenn Sie das Gefühl haben, gleich brennen mir die Sicherungen durch, dann sollten Sie dringend innehalten. Schließen Sie z.B. mit sich einen Vertrag: »*Wenn ich wieder rot sehe, dann zähle ich innerlich zunächst bis zehn, bis ich irgendwas sage.*« Diese Sekunden können sehr wertvoll sein, um im Affekt nichts zu sagen, was einem hinterher Leid tut oder auch peinlich ist. Nutzen Sie die Minipause, die Vogelperspektive einzunehmen. Stellen Sie sich vor, wie die Szene auf jemanden wirkt, der von außen oder von oben Sie und Ihr Gegenüber beobachtet. Was würden Sie als Außenstehende/r einem anderen in Ihrer Situation raten? Dieser kurze Ausstieg aus der Situation hilft, den Teufelskreis eines sich aufschaukelnden Gesprächs zu durchbrechen, einen kühlen Kopf zu bewahren und sich nicht so leicht zu Dingen hinreißen zu lassen, die man hinterher bereuen könnte.

Sich etwas Gutes tun

Geben Sie sich eigentlich das Gefühl, sich wertzuschätzen? Und wie drücken Sie das aus? Wie achtsam gehen Sie mit sich um? Gönnen Sie sich mal etwas oder sind Sie sehr streng zu sich? Wann haben Sie sich das letzte Mal etwas geschenkt?Was tun Sie dafür, um sich selbst daran zu erinnern, wie wichtig Sie sich selbst sind? Was tun Sie, um zwischendurch immer mal wieder aufzutanken?

Sie wenden jetzt vielleicht ein: »*Das klingt aber sehr egoistisch: sich selbst was Gutes tun, an sich denken.*« Ja, vielleicht hört es sich so an. Aber letztlich ist es das Beste, was Sie auch für Ihr Umfeld tun können: dafür zu sorgen, dass Sie mit sich im Einklang sind. Menschen, die ausgeglichen, mit sich zufrieden, kongruent sind, kommen auch mit schwierigen Situationen besser zurecht.

Eine – möglicherweise banal klingende –Frage zum Abschluss dieses Abschnittes: Wie sieht eigentlich Ihr Arbeitsplatz aus? Sachlich, korrekt, aufgeräumt – wunderbar, aber vielleicht auch ein bisschen steril? Wie wäre es, auch hier Ihre angenehmen Gefühle zu fördern, sich mit Dingen zu umgeben, die Wohlgefühle auslösen, eine Muschel aus dem letzten Urlaub, ein Foto mit Menschen, die Ihnen nahe stehen, eine Karte mit Ihrem Lieblingszitat, das Ihnen in harten Zeiten Mut macht ...?

Installieren Sie visuelle Anker, die Ihnen gut tun.

Wo holen Sie sich Kraft, wo tanken Sie auf, was hilft Ihnen, in schweren Zeiten wieder ins Lot zu kommen? Die Frage ist: Welche Tankstellen können Sie im Fall der Fälle anzapfen? Hier eine Übung, die Ihnen Tipps gibt, wie Sie Ihren Tank wieder füllen.

Übung: Tanken Sie mal auf

Schauen Sie sich folgende Beispiele für »Tankstellen« an. Sind diese mit Ihren identisch? Gibt es bei Ihnen weitere? Dann setzen Sie die Liste fort. Die Frage ist also: Haben Sie ein gut ausgebautes »Versorgungsnetz« und ausreichend »Anlaufstellen« z.B. zum/für ...:

- ... *Aufbauen, wenn Sie down sind,*
- ... *Quatschen,*
- ... *»Abladen« von Problemen,*
- ... *Loslösen von Ärger,*
- ... *fachliche Auseinandersetzung,*
- ... *Beratung,*
- ... *miteinander konstruktiv streiten können,*
- ... *Selbstbestätigung,*
- ... *ausreichend Zeit für Entspannung,*
- ... *Alleinsein,*
- ... *Abgrenzung,*
- ... *Bewegung,*
- ... *gute Ernährung,*
- ... *Freunde,*
- ... *Entwicklung klarer persönlicher und beruflicher Ziele,*
- ... *Sex,*
- ... *gesundes Körperbewusstsein*
- ...
- ...
- ...

Sind die für Sie entscheidenden und wichtigsten »Tankstellen« in der Auflistung enthalten? Wenn nicht, vervollständigen Sie bitte als Erstes diese Liste nach Ihren eigenen Bedürfnissen und Erfahrungen.

Nun machen Sie es konkret: Überlegen Sie bitte, über welches »Tankstellen-Netzwerk« Sie verfügen:

a) **Im Betrieb/am Arbeitsplatz**
   - Zu welchen Menschen (Kollegen) gehen Sie aus welchem Anlass?
     ___
   - Zu welchen Menschen gehen Sie nicht?
     ___
   - Was tun Sie in bestimmten Situationen; was unterlassen Sie?
     ___

b) **Außerhalb Ihrer Arbeitszeit**
   - Zu welchen Menschen gehen Sie aus welchem Anlass?
     ___
   - Zu welchen Menschen gehen Sie nicht?
     ___
   - Was tun Sie in bestimmten Situationen; was unterlassen Sie?
     ___

Vielleicht lohnt es sich für Sie, einmal darüber nachzudenken, in welchen Stresssituationen Sie (fast unbemerkt) auf regelmäßiges »Tanken« verzichten und damit »Ihren Tank leer fahren«, z.B. bis zum Krankwerden.

___

Gehen Sie noch einmal den Spuren nach:
- Was war los vor Ihrer letzten Erkältung/Krankheit?
  ___
- Was war vor dem letzten »Ausflippen«?
  ___

Was lässt sich tun, um künftig stärker im Gleichgewicht (physisch und psychisch) zu bleiben?

___

Gönnen Sie sich ausreichend Zeit, um über die Fragen nachzudenken und sich ggf. Notizen zu machen.[79]

Atmung

Mit der richtigen Atmung können Sie positiv auf Ihren Zustand einwirken und gesundheitlichen Gefahren entgegenwirken. Die Gefühle, die Nervensägen beispielsweise auslösen, können krank machen, wenn diese emotionalen Reaktionen als Stress empfunden werden.

Wenn ein Stressor wirkt, dann steigt die Alarmbereitschaft des Körpers. Er ist entweder zur Flucht oder zum Angriff bereit – ein Relikt aus Urzeiten. Sobald also Gefahr droht, wird automatisch eine Kettenreaktion in Gang gesetzt, bei der Gehirn und Nervensystem eng zusammenarbeiten. Es wird vom Organismus Energie bereitgestellt, damit der Mensch reagieren kann. Adrenalin und Noradrenalin werden verstärkt produziert mit der Folge, dass der Blutdruck steigt, die Muskeln besser durchblutet werden. Außerdem stellt der Körper Fettreserven und Zucker bereit. Der Mensch ist nun in der Lage, optimal auf den Stressor zu reagieren.

Wenn Stress nur ein kurzfristiger Zustand ist, schadet er unserem Körper nicht. Darauf sind wir gewissermaßen eingerichtet. Lässt die Gefahr nach, gehen auch die Stressreaktionen des Körpers wieder zurück.

Gefährlicher Dauerstress

Gefährlich ist es allerdings, wenn die Belastung chronisch wird, das heißt, wenn die Entspannungsphasen ausbleiben. Der Adrenalin- und Noradrenalinspiegel bleibt hoch, was wiederum Unruhe, Schlafstörungen, Nervosität verursachen kann.

Dauerstress kann aggressiv oder depressiv machen, Ängste hervorrufen und körperliche Krankheiten verursachen. Kopfschmerzen, Rückenschmerzen, Magengeschwüre, Herz-Kreislauf-Erkrankungen und – davon sind Expertinnen und Experten überzeugt – Krebs können die Folge sein.

Dauerstress bewirkt häufig, dass man sich schwer entscheiden kann, alles als Last empfunden wird. Selbst Kleinigkeiten reichen aus, um zu explodieren. Man ist nicht mehr so leistungsfähig, kann die Arbeit nicht mehr richtig bewältigen. Das wiederum führt dazu, dass es schwer fällt, richtig zu entspannen oder sich auszuruhen. Immer ist man in Gedanken bei der Arbeit, was man noch alles tun muss …, oder bei der Nervensäge, was die wohl wieder als Nächstes macht …? Man befindet sich förmlich in einer Stressspirale.

Richtiges Atmen

Es gilt, dem schädlichen Stress entgegenzuwirken und damit dem eigenen Zustand etwas Gutes zu tun – mit der Atmung haben Sie ein schnelles, einfaches, so gut wie jederzeit einsetzbares Steuerungsinstrument.

Um das effektiv zu nutzen, ist vor allem richtiges Atmen wichtig. Sie sagen jetzt vielleicht: »*Wie? Richtiges Atmen? Wusste gar nicht, dass man dabei auch etwas falsch machen kann.*«

Dazu ein kleines Experiment: Stellen Sie sich vor einen Spiegel und atmen einmal kräftig ein. Halten Sie die Luft kurz an und atmen Sie dann kräftig wieder aus. Während Sie dies einmal wiederholen, beobachten Sie sich selbst ganz genau. Was bewegt sich, wenn Sie einatmen? Ziehen Sie womöglich die Schultern hoch und wölbt sich der Bauch nach innen? Falls ja, dann spricht das für die so genannte Hochatmung. Diese Form der Atmung haben sich viele Menschen im Laufe ihres Lebens angewöhnt, wegen schlechter Haltung, Stress, Anspannung.

Viel empfehlenswerter jedoch ist die Tiefen- oder Bauchatmung – dabei wölbt sich beim Einatmen der Bauch nach außen, er wird also dicker. Verantwortlich dafür ist das Zwerchfell, der Muskel, der den Brust- vom Bauchraum trennt. Beim Einatmen saugt das Zwerchfell mittels Unterdruck Luft in die beiden Lungenflügel. Dabei flacht es immer weiter ab und drückt als Folge nach außen. Und weil es Platz braucht, führt es dazu, dass sich der Oberbauch und die Rippen nach außen schieben. Der Druck auf die Eingeweide nach unten erhöht sich, so dass sich die untere Bauchdecke nach außen wölbt.[80]

Die Bauch- oder Tiefenatmung ist die natürlichste Form des Luftholens und -abgebens. Damit sind wir auf die Welt gekommen und praktizieren sie in entspannten Zuständen automatisch, zum Beispiel beim Schlafen. Sie ist auch Grundlage vieler Entspannungstechniken (autogenes Training, Muskelentspannung nach Jakobsen etc.), weil man weiß, dass sich auf diesem Wege der Organismus beruhigen lässt und sich Verspannungen lösen.

Wie sehr Atmung und Wohlbefinden zusammenhängen, lässt sich auch einigen Formulierungen oder weit verbreiteten Weisheiten entnehmen: Wenn man sich erschreckt, »*stockt einem der Atem*«. Möchte man jemanden beruhigen, rät man ihm vielleicht: »*Atme erst einmal tief durch.*« Manchmal ist man so wütend, dass man »*erst mal Luft ablassen muss, um nicht zu platzen …*« Die Atmung ist wesentlich für unser Wohlbefinden. Expertinnen und Experten sind sich einig: »Ein bewusster Atem hilft, Ihren Alltag mit mehr Konzentration, Energie und Lebensfreude zu bewältigen. Denn Stress und Hektik im Alltag bewirken eine Beschleunigung und Abflachung des Atems.«[81]

Übungen: Entspannungsatmen

Folgende Atemübungen lassen sich gut zwischendurch am Arbeitsplatz »einschieben«:

- Atmen Sie in den Bauch hinein. Legen Sie die Hand auf den Bauch, holen Sie tief Luft und lassen Sie dabei den Bauch dicker werden. Halten Sie kurz die Luft an und atmen Sie dann wieder aus. Spüren Sie, wie der Bauch wieder flacher wird?
- Sie haben noch Schwierigkeiten mit dieser vielleicht für Sie ungewohnten Atmung? Dann sollten Sie Ihre Aufmerksamkeit dem Zwerchfell widmen und es trainieren. Für die Bauchatmung ist ein gut trainiertes Zwerchfell wichtig. Wollen Sie fühlen, wie sich der Muskel bemerkbar macht? Legen Sie dazu Ihre Hand auf den Solarplexus, das ist das kleine Dreieck, wo die Rippen in der Mitte des Oberkörpers an das Brustbein stoßen. Und nun husten Sie ein paarmal. Was fühlen Sie? Merken Sie, wie das Zwerchfell nach vorne schnellt, sobald Sie husten? Also noch mal: kräftig husten und wieder mit der Hand fühlen. Das Zwerchfell lässt sich mit dieser Übung stärken. Eine ähnliche Wirkung erzielen Sie, wenn Sie kräftig lachen. Das hat darüber hinaus den angenehmen Effekt, dass die Stimmung sich bessert.
- Dritte Möglichkeit zum Training: Sie spielen Dampflokomotive: Denken Sie an das klassische Geräusch einer langsam in Fahrt kommenden Dampflokomotive, das – geschrieben – etwa so aussieht: »*Ffh – Ffh – Ffh – Ffh*«. Ich möchte Sie bitten, dieses Geräusch jetzt nachzuahmen. Dabei legen Sie die Unterlippe weich an die oberen Schneidezähne von unten an, bauen Luftdruck auf und lassen ruckartig die Luft mit dem »*Ffh*« entweichen – vergleichbar mit einem Ventil am Dampfkessel. Anschließend lassen Sie die Lok nach und nach schneller werden. Spüren Sie dabei wieder der Aktivität des Zwerchfells nach, indem Sie die Hand auf den Solarplexus legen. Wiederholen Sie diese Übung ein paarmal. Wenn Sie sicherer werden, lassen Sie das »*Ffh*« immer leiser werden, bis es gar nicht mehr zu hören ist, und führen Sie das ruckartige Atmen in ein fließendes über.[82] Diese Übung stärkt nicht nur das Zwerchfell, sie ermöglicht Ihnen zudem, einen Zugang zur Bauchatmung zu finden.
- Ist der Ärger groß? Können Sie sich vor Wut kaum beruhigen? Dann versuchen Sie es für ein paar Minuten mit dieser Übung (die man mit

etwas Geschick und Training sogar nebenbei in einer Sitzung anwenden kann, ohne dass die anderen unbedingt etwas bemerken müssen): Suchen Sie sich eine bequeme Sitzgelegenheit, setzen Sie sich aufrecht mit lockeren Schultern hin. Verschließen Sie nun mit dem Daumen der rechten Hand das rechte Nasenloch und atmen Sie über das linke Nasenloch ein. Schließen Sie dann mit dem Zeigefinger das linke Nasenloch und atmen Sie über das rechte wieder aus usw. Diese Übung sollten Sie ungefähr fünf Minuten lang machen. Atmen Sie möglichst langsam.

- Unangenehme Gefühle vertreiben können Sie mit folgender Intervention: Stellen Sie sich hin und halten Sie Ihre Arme neben den Körper. Nun heben Sie die Arme langsam an bis auf Brusthöhe. Atmen Sie kräftig durch die Nase ein und führen dabei die Arme weit auseinander. Denken Sie sich dabei folgende Formel: »*Die Lunge öffnet sich, wird groß und nimmt viel Sauerstoff und frische Luft auf.*« Nun atmen sie langsam durch den Mund aus und führen dabei die Arme wieder nach vorn. Auch hier gibt es eine Formel, die Sie sich dabei denken sollten: »*Die verbrauchte Luft und alles Negative strömt mit der ausgeatmeten Luft aus dem Körper.*« Diese Übung bitte fünf- bis sechsmal wiederholen.[83]

Zustandsmanagement als Magnet

Übrigens: Wenn Sie künftig Zustandsmanagement betreiben, sollten Sie sich nicht wundern, dass andere Menschen verstärkt Ihre Nähe suchen. Einfluss auf den Zustand zu nehmen heißt, an der eigenen positiven Ausstrahlung zu arbeiten. Stärke, Zuversicht, Zufriedenheit sind echte Magneten. In einem guten Zustand läuft es im Umgang mit anderen einfach besser. Umgekehrt gilt das allerdings auch: Fühlt man sich eh schon schlecht und vernachlässigt man das »Auftanken«, dann kommt einem garantiert Kollege Schulze komisch, und Kollegin Neumann war auch schon mal netter, was Ihre Laune noch weiter sinken lässt. Ein Teufelskreis! Höchste Zeit, dass Sie die Verantwortung übernehmen und aussteigen.

Apropos Verantwortung übernehmen: Wenn Sie erkannt haben, dass bei Ihnen die Entscheidung liegt, wie Sie mit Ärger, nervenden Zeitgenossen und schwierigen Situationen umgehen, dann haben Sie einen entscheidenden Schritt aus dem Teufelskreis heraus gemacht – wie auch der australische »Ruhe-Guru« Paul Wilson bestätigt. Er ist Gründer des »Calm Centers«, einem Sachverständigenstab, dem u.a. Psychologen/-innen, Therapeuten/-innen, Musiker/-innen angehören und der ein Ziel verfolgt: Wie lässt sich auf möglichst kreative Weise für die Verbreitung von Ruhe sorgen? Wilson erinnert an die eigenen Möglichkeiten: »Es kann an Ihrem Chef oder Ihrem Job liegen, dass Sie sich gestresst fühlen, aber die sind in keinem Fall dafür verantwortlich, dass Sie sich ruhig und zufrieden fühlen. Dafür sind Sie selbst verantwortlich.«[84]

Zum Abschluss dieses Kapitels möchte ich all jene zu einer letzten Übung einladen, die sich entschieden haben, grundsätzlich anders mit Ärger und nervenden Mitmenschen umzugehen als bisher. Die Übung nennt sich »Ebenen der Veränderung« und beruht auf dem Modell der neurologischen Ebenen von Robert Dilts. Dieses Modell (siehe Abbildung) bietet einen Rahmen, um Informationen zu sammeln und so zielgerichtet den Punkt zu identifizieren, wo man den Hebel ansetzen muss, um eine Veränderung bei sich zu bewirken. »Die Frage ist: Wo genau muss der Schmetterling seine Flügel bewegen? Wo muss man ›stupsen‹, um einen Unterschied zu bewirken?«[85]

Übung: Ebenen der Veränderung[86]

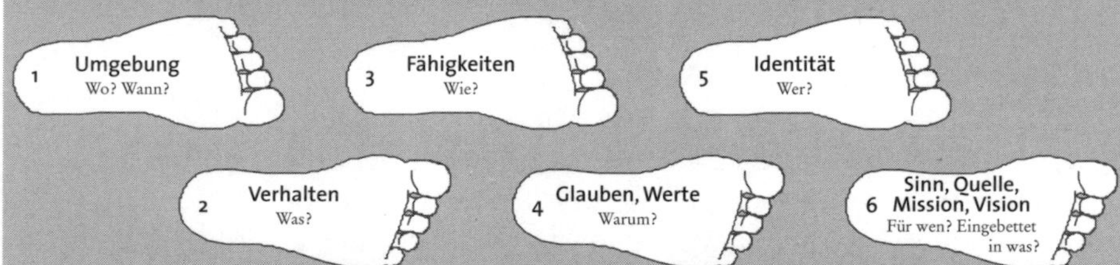

Wie gehen Sie vor? Zunächst gilt es, Ihr Ziel zu formulieren. Was möchten Sie erreichen, zum Beispiel in Bezug auf Ihren Umgang mit so genannten Nervensägen? Oder vielleicht geht es auch darum, generell einen bestimmten Zustand zu erlangen?

Bei der Formulierung des Zielsatzes sollten Sie sich an folgende Kriterien halten: Achten Sie darauf, dass Ihr Ziel …

- … **eigenverantwortlich erreichbar ist.** Wenn eine zweite Person dafür notwendig ist, haben Sie das Ziel nicht unter eigener Kontrolle. Das wäre z.B. beim Ziel »*Ich heirate im nächsten Jahr*« der Fall.

Da können Sie nur zu 50 Prozent Einfluss nehmen. Streben Sie ein Ziel an, das allein unter Ihrer Kontrolle steht.

- … **positiv, in der Gegenwart und in einem Satz formuliert ist.** Was halten Sie von dem Zielsatz: *»Ich werde mich nicht mehr so viel aufregen«*? Das ist zwar ein Satz, aber negativ formuliert *(»…nicht mehr«)* und nicht im Präsens, sondern im Futur. Warum unbedingt positiv? Um das Unterbewusste einzuladen, Sie auf Ihrem Weg zum Ziel zu unterstützen. Ein ›nicht‹ kann das Gehirn nicht denken (siehe dazu auch S. 74). Kleiner Test gefällig? Stellen Sie sich jetzt bitte *nicht* vor, (nein nicht!), wie sich eine Tür öffnet, und ein lilafarbener Elefant mit gelben Tupfen hereinkommt, sich auf seine beiden Hinterbeine stellt und sich um die eigene Achse dreht. Also, wie gesagt, bitte nicht vorstellen! (Ich ahne schon, was sich gerade vor Ihrem geistigen Auge abspielt.) Ja, und genau so »hilfreich« ist es, wenn Sie Ihr Ziel in Negativform formulieren, z.B.: *»Ich will* nicht mehr *so viel essen.«* Kein Wunder, dass Sie an nichts anders denken als an Mahlzeiten, kochen, einkaufen, Appetit und Hunger. Und warum soll der Satz in der Gegenwart formuliert sein? Damit überrumpeln Sie in gewisser Weise Ihre unbewussten Anteile, indem Sie so tun, als sei das Ziel schon erreicht. Die Aufforderung, sich entsprechend zu verhalten, wirkt viel stärker.
- … **realistisch ist.** Vom Tellerwäscher zum Millionär ist ein schöner – wahrscheinlich nicht nur amerikanischer – Traum, doch nicht sonderlich realitätsnah. Für das Ziel sollten Sie die rosarote Brille besser abnehmen und überlegen: Kann ich es unter den gegebenen Umständen erreichen? Kann ich das, was zu verändern wäre, realistisch betrachtet auch bewerkstelligen?

Übrigens: Wenn Sie sich Ihr Ziel bildlich vorstellen, erschaffen Sie sich auf unbewusster Ebene einen Unterstützer gegen innere Widerstände. Bilder haben eine hohe Überzeugungskraft. Malen Sie sich in leuchtenden Farben aus, wie es sein wird, wenn Sie Ihr Ziel erreicht haben.

Bitte formulieren Sie jetzt Ihren Zielsatz nach den eben besprochenen Kriterien:

Als Nächstes benötigen Sie sechs Seiten Papier oder Karten, für jede Ebene des Modells eine. Beschriften Sie diese und legen Sie die Papiere wie in der Abbildung gezeigt auf dem Boden aus. Die Karte mit dem Begriff »Umgebung«, bildet den Beginn, dann kommt die Karte mit dem Wort »Verhalten« usw., oben an der Spitze liegt die Karte »Sinn, Quelle, Mission, Vision«.

Was ist mit den Begriffen gemeint?

1. **Umgebung** steht für unsere Umgebung, also alles, was um uns herum existiert, eine bestimmte Gegend, Räumlichkeiten, Gegenstände usw., aber auch die anderen Menschen, mit denen wir zu tun haben.

2. **Verhalten** sind die sichtbaren Handlungen, die wir ausführen.

3. Mit **Fähigkeiten** sind Fertigkeiten, Können, Talente und Strategien gemeint, die unsichtbar hinter dem Verhalten stecken.

4. **Glauben, Werte** sind die Leitlinien, die Grundlagen unseres Denkens und Handelns sind und die für uns gültig sind.

5. **Identität** beschreibt das eigene Selbstbild, also die Art und Weise, wie man sich selber sieht, und was man von sich hält.

6. **Sinn, Quelle, Mission, Vision** ist die tiefste Ebene, wo grundsätzliche Fragen unserer Existenz anstehen: Warum bin ich auf der Welt? Was ist der Sinn? Woran glaube ich? Gibt es auf dieser Ebene Veränderungen, hat das Auswirkungen auf alle anderen Ebenen.[87]

Die Übung sieht vor, dass Sie, nachdem Sie Ihr Ziel formuliert haben, Schritt für Schritt von einer zur anderen Ebene gehen. Jedes Mal beantworten Sie zwei Fragen:

1. Was müsste sich auf der jeweiligen Ebene verändern, damit Sie Ihr Ziel erreichen?
2. Was ist bereits alles da?

Sind die Fragen beantwortet, wechseln Sie zur nächsten Ebene und stellen sich erneut die beiden Fragen.

Verdeutlichen wir es an einem Beispiel: Möglicherweise lautet der Zielsatz: »*Ich achte auf mich und meinen Zustand.*« Sie begeben sich auf die erste Ebene (= Umgebung) und beantworten die erste Frage: Was müssten Sie in Ihrer Umwelt verändern, damit Sie Ihr Ziel, nämlich auf sich und den eigenen Zustand zu achten, erreichen?

Die Antwort könnte lauten: »*Ich brauche eine Rückzugsmöglichkeit, wo mich keiner stört.*«

Die nächste Frage wäre: Was ist in Ihrer Umwelt schon da, um das Ziel »Ich achte auf mich und meinen Zustand« zu erreichen?

Mögliche Antwort: »*Es gibt ein leer stehendes Zimmer, das ich noch herrichten müsste*«, usw.

Die Übung können Sie allein machen, weitaus komfortabler und empfehlenswerter ist es, sie zu zweit zu absolvieren. Ihr Partner/Ihre Partnerin kann Ihnen sowohl die jeweilige Frage stellen als auch die Antworten notieren. Sind Sie bereit? Dann kann es losgehen.

Beginnen Sie auf der ersten Ebene, also der **Umgebung-Ebene,** und fragen Sie sich (bzw. lassen sich von Ihrem Partner/Ihrer Partnerin fragen):

Was müssten Sie in Ihrer Umwelt verändern, um Ihr Ziel (*den Zielsatz hier wiederholen*) zu erreichen? Was ist bereits alles da?

Antworten notieren:

____

____

____

Begeben Sie sich nun auf die zweite Ebene.

Verhalten: Wie müssten Sie Ihr Verhalten ändern, um Ihr Ziel (*den Zielsatz hier wiederholen*) zu erreichen? Was tun Sie bereits?

Antworten notieren:

____

____

Wechseln Sie nun auf die dritte Ebene.

Fähigkeiten: Welche Fähigkeiten müssten Sie mehr in den Vordergrund rücken, um Ihr Ziel (*den Zielsatz hier wiederholen*) zu erreichen? Was ist bereits alles da?

Antworten notieren:

____

____

____

Begeben Sie sich nun auf die vierte Ebene.

Glauben, Werte: Welche Überzeugungen müssten Sie haben, woran müssten Sie glauben, welche Werte müssten Ihnen wichtig sein, um Ihr Ziel (*den Zielsatz hier wiederholen*) zu erreichen? Was ist bereits alles da?

Antworten notieren:

____

____

____

Gehen Sie weiter zur fünften Ebene.

Identität: Wie müssten Sie sich selber sehen, um Ihr Ziel zu erreichen? Welches Selbstbild haben Sie bereits?

Antworten notieren:

____

____

____

Wechseln Sie nun zur sechsten Ebene.

Sinn Quelle, Mission, Vision: Welchen Sinn müssten Sie in Ihrem Leben sehen oder auch (»etwas tiefer gehängt«) welche Kraftquelle bräuchten Sie, die Ihnen so etwas wie Zuversicht gibt? Welche Kraftquelle haben Sie schon oder welche innere Verbindung gibt es bereits, die Sie stärkt?

Antworten notieren:

____

____

____

Bleiben Sie einige Augenblicke in dieser Position und spüren Sie ganz intensiv mit allen Sinnen, was es heißt, mit der Kraftquelle in Kontakt zu sein. Was sehen Sie vor Ihrem geistigen Auge, was hören Sie, was fühlen Sie?

Genießen Sie dieses starke Gefühl, vielleicht empfinden Sie so etwas wie Erfüllung oder Zuversicht, möglicherweise auch Wärme, Aufgehobensein, Geborgenheit?

Nehmen Sie dieses Gefühl mit, wenn Sie sich jetzt umdrehen und den Weg zurückgehen. Stellen Sie sich vor, Sie wären die entscheidenden Schritte auf dem Weg zu Ihrem Ziel schon gegangen. Gehen Sie nun weiter zur Ebene der Identität.

Identität: Sie stehen ganz in Verbindung mit Ihrer Kraftquelle/Ihrem Sinn. Was hat das für Auswirkungen auf Ihre Identität? Wie sehen Sie sich?

Antworten notieren:

____

____

____

Begeben Sie sich zur nächsten Ebene.

Glauben, Werte: In Verbindung mit Ihrer Kraftquelle und Ihrem Selbstbild, Ihrer Identität … (*die Antworten zum Thema Identität vom Hinweg hier wiederholen)* Was glauben Sie nun von der Welt, welche Werte haben Sie, welche Werte leben Sie jetzt?

Antworten notieren:

____

____

____

Gehen Sie nun zur nächsten Ebene.

Fähigkeiten: Sie sind in Verbindung mit Ihrer Quelle, Ihrem Selbstbild, Ihren Überzeugungen und Werten, die … sind *(die Antworten vom Hinweg hier wiederholen).* Welche Fähigkeiten entwickeln Sie nun und haben Sie bereits entwickelt?

Antworten notieren:

____

____

____

Wechseln Sie nun zur nächsten Ebene.

Verhalten: Sie sind eng verbunden mit Ihrer Quelle, Ihrem Selbstbild, Ihren Überzeugungen und Werten und Sie haben die Fähigkeiten … *(die Antworten vom Hinweg hier wiederholen).* Wie genau verhalten Sie sich jetzt?

Antworten notieren:

____

____

____

Gehen Sie nun auf die nächste Ebene.

Umgebung: Sie sind eng verbunden mit Ihrer Quelle, Ihrem Selbstbild, Ihren Überzeugungen und Werten, Fähigkeiten, Sie verhalten sich … *(die Antworten vom Hinweg hier wiederholen)*. Welche Auswirkungen hat das auf Ihre Umwelt, Ihre Umgebung?

Antworten notieren:

____

____

____

Wenn Sie die letzte Ebene erreicht haben, lassen Sie den Prozess nachwirken und stellen Sie sich dann an die Seite. Werfen Sie einen Blick auf alle Ebenen. Was hat sich gezeigt? Auf welcher Ebene gibt es für Sie etwas zu tun? Was ist Ihnen insgesamt aufgefallen in diesem Prozess? Tauschen Sie sich aus, wenn Sie bei dieser Übung begleitet wurden. Hat Ihr/e Partner/-in Widerstände beobachtet? Und Sie selbst? Oft hapert es bei Veränderungen nicht unbedingt an der Umwelt, dem Verhalten oder den Fähigkeiten, sondern ist in höheren Ebenen angesiedelt, z.B. bei den Glaubenssätzen und Werten, wenn es darum geht, sich beispielsweise selbst die Erlaubnis zum Entspannen zu geben, um auf den eingangs erwähnten Zielsatz: *»Ich achte auf mich und einen guten Zustand«* zurückzukommen. Im Coaching erlebe ich immer wieder Klientinnen und Klienten, die unter Stress, Belastung, Überarbeitung leiden. Gar nicht so selten stoßen wir auf alte, einschränkende Glaubenssätze wie:

»Wer nichts tut, ist faul.« Oder:
»Wer seinen Erfolg zu sehr genießt, nimmt sich selbst zu wichtig.« Oder:
»Vor samstags, 16 Uhr, darf man nicht nichts tun …« etc.

Wenn auch Sie feststellen, dass Sie sich mit bestimmten Überzeugungen oder Glaubenssätzen behindern, könnten Sie mit der Spiegelgesetz-Methode diese bearbeiten und auflösen (s. S. 35 ff.).Schauen Sie auf Ihre Notizen: An welcher Stelle würde es sich lohnen anzusetzen? Oder um noch einmal Seymour und O'Connor zu zitieren: »Wo müssen Sie ›stupsen‹, um einen Unterschied zu bewirken?«

Checkliste – das Wichtigste auf einen Blick

- ☐ Sie haben es in der Hand, Ihren Zustand zu beeinflussen – über die Körperhaltung, das Denken, das Gefühl und die Atmung.
- ☐ Vereinbaren Sie eine Unabhängigkeitserklärung mit sich selbst, in der Sie anderen nicht erlauben, über Ihr Wohl zu entscheiden.
- ☐ Es gibt keine Zwangsläufigkeit, wie Sie reagieren müssen. Sie haben die Wahl.
- ☐ Lenken Sie Ihr Augenmerk auf die positiven Aspekte. Fahnden Sie nach magischen Momenten.
- ☐ Verbessern Sie mit Bewegung und einer aufrechten Körperhaltung Ihren Zustand.
- ☐ Schaffen Sie sich Anker für positive Gefühle.
- ☐ Achten Sie gerade in stressigen Phasen auf entspannte Bauchatmung.
- ☐ Gehen Sie achtsam und wertschätzend mit sich um.
- ☐ Sie selbst sind verantwortlich dafür, dass Sie sich ruhig und zufrieden fühlen.

Schlusswort

Zum Schluss eine kurze, aber wahre Geschichte zum Nachdenken. Sie handelt von zwei Freunden, die sich vor einiger Zeit entschlossen, das Erbe des einen in eine Geschäftsidee zu investieren. Sie steckten all ihre Energie, Zeit, Kreativität in die Produktentwicklung. Innerhalb kurzer Zeit verwandelte sich die Idee in ein profitables Geschäft, von dem beide, die zuvor arbeitslos waren, sehr gut leben konnten. Die Nachfrage stieg, der Kundenstamm wuchs. Die Aufgabenteilung war klar: Einer der beiden kümmerte sich um Finanzen und Vertrieb, der andere war für das Marketing und die Pressearbeit zuständig. Die Arbeit war bestens verteilt, alles lief wie am Schnürchen, die Stimmung war außerordentlich gut. Die Produktpalette erweiterte sich stetig, sie gingen auf Messen, Medien berichteten über die junge, erfolgreiche Firma. Bis dahin arbeitete jeder noch von zu Hause aus, bis sie nach eineinhalb Jahren den Zeitpunkt für gekommen hielten, sich gemeinsam ein repräsentatives Büro zu nehmen. Sie fanden schöne Räume, stellten einen weiteren Mitarbeiter ein – und plötzlich zogen graue Wolken auf. Nun arbeiteten die beiden Tag für Tag zusammen, konnten verfolgen, wie der jeweils andere an die Aufgaben ging, und störten sich zunehmend daran:

Freund A: »Kannst du morgens nicht mal pünktlich kommen? Ich bin immer vor dir da.«

Freund B: »Dafür bleibe ich ja auch mal länger. Außerdem sagt die Länge der Arbeitszeit nichts über die Qualität aus.«

Freund A: »Ich muss mich hier um alles allein kümmern, dass die Kunden zahlen, dass wir niedrige Einkaufspreise haben, dass Rechnungen bezahlt, Bestellungen gemacht werden. Und du? Laberst den ganzen Tag am Telefon.«

Freund B: »Labern am Telefon? Ich pflege den Kundenkontakt, es geht nämlich nicht nur darum, den Kunden was zu verkaufen, einer muss dafür sorgen, dass auch die Beziehung stimmt. Erst kürzlich hat sich wieder einer über dich beschwert, dass du unfreundlich und kurz angebunden bist. Du vergraulst ja die Kunden, das ist geschäftsschädigend.«

Freund A: »Geschäftsschädigend – ha! Ich sorge dafür, dass die ihrer Zahlungspflicht nachkommen. Wenn ich nicht wäre, würden wir heute noch auf manche Überweisung warten. Während du vor dich hinträumst und nichts produzierst.«

Freund B: »Nichts produzieren? Ich kümmere mich auch ums Marketing, wie du weißt, und da braucht man Kreativität und Ruhe und niemanden, der keifend in der Ecke sitzt und einen ständig anmacht.«

Freund A: »Das Problem ist – du arbeitest zu langsam. Von dir kommen zu wenig Texte. Und die wenigen sind nicht mal gut. Was machst du die ganze Zeit? Das geht doch schneller.«

Freund B: »Ich kann nicht kreativ sein, wenn hinter mir jemand mit der Stechuhr sitzt ...«

Hier nur ein Ausschnitt aus einem von vielen Gesprächen dieser Art zwischen den beiden. Der herbeigerufene Coach versuchte zu vermitteln, beiden nahe zu bringen, was sie voneinander haben ... Vergeblich. Der Streit eskalierte, mittlerweile sind sie zu dem Entschluss gekommen: Wir trennen uns und lösen die Firma auf. Denn darauf ist beiden die Lust gründlich vergangen.

Was lässt sich daraus lernen? Darauf könnte man mit einem arabischen Sprichwort antworten: »Schlagt eure Zelte weit voneinander auf, aber nähert eure Herzen.«

Ganz konkret und bezogen auf die wichtigsten Aussagen dieses Buches lässt sich festhalten, dass ein großer Schritt getan wäre, wenn Menschen den Satz: »Die Landkarte ist nicht das Gebiet« ernst nähmen und damit die Unterschiedlichkeit des oder der anderen, seine oder ihre Sicht der Welt akzeptierten. Noch besser wäre es, wenn wir Unterschiedlichkeit sogar als Gewinn betrachten könnten.

In Untersuchungen bestätigt sich immer wieder, dass heterogene Teams besonders erfolgreich sind – weil sie sich gut ergänzen, auf ganz unterschiedlichen Gebieten Stärken haben und somit sehr flexibel agieren können – vorausgesetzt, es gibt ein Miteinander, kein Gegeneinander. Ein gutes Team ist mit dem menschlichen Körper vergleichbar: Hier ist es auch nicht gerade empfehlenswert, wenn ein Mensch mit drei Herzen, vier Mägen und zehn Hirnen ausgestattet ist, dafür aber ohne Mund und Nase. »Von allem etwas« sollte da sein: wachsame Augen, eine feine Nase, tragende Füße, breite Schultern, ein kräftiges Herz, ein starker Magen usw. So wie in einem Team die visionären Denkerinnen und Denker wichtig sind, aber allein, ohne die tatkräftig Handelnden und die realistischen Kritikerinnen und Kritiker, wären sie aufgeschmissen; die beiden Letztgenannten brauchen wiederum zunächst einmal Ideen, Vorschläge, Visionen, um in Aktion treten zu können. Wenn sich im Team die Erkenntnis durchsetzt, dass jede/r wichtig ist, und es dafür auch deutliche Wertschätzung gibt, kann das Team zur Hochform auflaufen.

Die zweite Erkenntnis, die mir in diesem Buch besonders wichtig war: Sie können andere nicht ändern oder umerziehen. Sie können Angebote machen, hoffentlich verlockende, die ihn oder sie dazu bringen, nachzudenken und sich dann zu entscheiden. Dabei kommt es sehr darauf an, wie geschickt Sie in der Disziplin »Mantelhinhalten« sind – allzu leicht fühlt das Gegenüber, dass ihm da vielmehr etwas um die Ohren gehauen wird, und zieht sich schutzsuchend oder aus Angst vor Gesichtverlust zurück bzw. reagiert trotzig nach der »Jetzt-erst-recht-Methode«.

Erkenntnis Nummer drei: Der Schlüssel zu mehr Gelassenheit und damit einem freundlicheren Umgang ist ein liebevoller Blick auf sich selbst und auf die Menschen um einen herum. Dass der Ärger über andere mitunter viel mit eigenen Überzeugungen zu tun hat, darauf habe ich in diesem Buch mehrfach hingewiesen. Wenn wir mit uns selber freundlicher umgehen, es zulassen, uns von alten, einengenden Glaubenssätzen zu verabschieden, dann werden wir gelassener auf das ursprünglich störende Verhalten des Gegenübers reagieren. Und wenn wir uns immer vor Augen halten, dass hinter allem, was das Gegenüber macht, eine positive Absicht steht, sehr häufig zum Beispiel der Wunsch, anerkannt, wertgeschätzt oder schlicht wahrgenommen zu werden, dann kann das Verständnis wachsen.

Das letzte Wort gehört Paul Watzlawick, Kommunikationsexperte und Professor für Psychotherapie, der folgende einprägsame Formel gefunden hat, die möglicherweise auch Ihnen helfen kann, wenn der Ärger über einen Mitmenschen gerade in Ihnen hochsteigen will: **»Der Andersdenkende ist kein Idiot, er hat sich eben eine andere Wirklichkeit konstruiert.«**

Anmerkungen

1 Friedemann Schulz von Thun: Klarkommen mit sich selbst und anderen: Kommunikation und soziale Kompetenz. Rowohlt Taschenbuch Verlag, Reinbek bei Hamburg, 2004, S. 168
2 Vgl. Martin Wehrle: Den Chef im Griff. In: Journalist 11/2004, S. 41
3 Vgl. Nina Bovensiepen: Die große deutsche Angst. In: Süddeutsche Zeitung, 27.07.2005, S. 1
4 Friedemann Schulz von Thun: Miteinander reden 1. Rowohlt Taschenbuch Verlag, Reinbek bei Hamburg, 1999, S. 124f.
5 Friedemann Schulz von Thun: Klarkommen mit sich selbst und anderen, a.a.O., S. 172
6 Vgl. Michael Luther/Evelyne Maaß: NLP Spiele-Spectrum, Junfermann Verlag, Paderborn, 2001, S. 233ff.
7 Matth. 7,1–5
8 Gabriela Herpell: Mit viel Alkohol fällt vieles leichter. In: Der Tagesspiegel, 19.06.2005, S. S1
9 Vgl. Friedemann Schulz von Thun, Miteinander reden 1. a.a.O., S. 238f.
10 Christian-Rainer Weisbach: Professionelle Gesprächsführung. dtv, München, 2001, S. 96
11 Martina Schmidt-Tanger: Veränderungs-Coaching. Junfermann Verlag, Paderborn, 1999, S. 38
12 Vgl. Christa Kössner/Ricardo Exinger: Machos, Tussis, Nervensägen im Job? Ennsthaler Verlag, Steyr, 2005, S. 68
13 Jürgen Hesse/Hans Christian Schrader: Krieg im Büro. Konflikte am Arbeitsplatz und wie man sie löst. Eichborn, Frankfurt a.M., 1993, S. 126f.
14 Vgl. www.wikipedia.org
15 Marshall B. Rosenberg: Gewaltfreie Kommunikation. Aufrichtig und einfühlsam miteinander sprechen. Junfermann Verlag, Paderborn, 2003, S. 15
16 Vgl. Friedemann Schulz von Thun, Miteinander reden 2. Rowohlt Taschenbuch Verlag, Reinbek bei Hamburg, 1999, S. 150ff.
17 Marshall B. Rosenberg, a.a.O., S. 68
18 Vgl. Christa Kössner/Ricardo Exinger, a.a.O., S. 37ff.
19 Vgl. Meike Müller: Der starke Auftritt. So überzeugen Sie in Ihrem Job. Eichborn, Frankfurt a.M., 2002, S. 13

20 Waltraud Trageser/Marco von Münchhausen: Die NLP-Kartei – Practitioner-Set. Junfermann Verlag, Paderborn, 2000, XI.1.2.
21 Vgl. www.zeitzuleben.de
22 Christa Kössner/Ricardo Exinger, a.a.O., S. 11
23 Vgl. ebd., S. 29ff.
24 Ebd., S. 65
25 Vgl. Evelyne Maaß/Karsten Ritschl: Coaching mit NLP. Junfermann Verlag, Paderborn, 1997, S. 37
26 Vgl. Steve Andreas/Charles Faulkner (Hrsg.): Praxiskurs NLP. Junfermann Verlag, Paderborn, 2001, S. 41
27 Jochen Sommer: NLP for Business. Gabal, Offenbach, 2003, S. 8
28 Vgl. Steve Andreas/Charles Faulkner (Hrsg.), a.a.O., S. 218f.
29 Vgl. Waltraud Trageser/Marco von Münchhausen, a.a.O., II.15
30 Vgl. Martina Schmidt-Tanger, a.a.O., S. 108
31 Christian-Rainer Weisbach, a.a.O., S. 219f.
32 Evelyne Maaß/Karsten Ritschl, a.a.O., S. 36
33 Steve Andreas/Charles Faulkner, a.a.O., S. 337
34 Friedemann Schulz von Thun, Miteinander reden 1, a.a.O., S. 35
35 Vgl. Thomas A. Harris: Ich bin o.k. – Du bist o.k. Wie wir uns besser verstehen und unsere Einstellung zu anderen verändern können – Eine Einführung in die Transaktionsanalyse. Rowohlt Taschenbuch Verlag, Reinbek bei Hamburg, 1975
36 Vgl. Friedemann Schulz von Thun, Miteinander reden 2, a.a.O., S. 142
37 Joseph O'Connor/John Seymour: Neurolinguistisches Programmieren: Gelungene Kommunikation und persönliche Entfaltung, VAL, Kirchzarten bei Freiburg, 2004, S. 49
38 Joseph O'Connor/John Seymour, a.a.O., S. 49
39 Vgl. Angela Dietrich: Nörgelnde Jammerlappen. In: www.zeus.zeit.de
40 Vgl. Steve Andreas/Charles Faulkner, a.a.O., S. 152
41 Vgl. Christian-Rainer Weisbach, a.a.O., S. 234
42 Vgl. Meike Müller: Trainingsprogramm Schlüsselqualifikationen. Die besten Übungen aus Karriere-Seminaren. Eichborn, Frankfurt a.M., 2003, S. 34ff.
43 Friedemann Schulz von Thun, Miteinander reden 1, a.a.O., S. 26
44 Vgl. Meike Müller: Der starke Auftritt, a.a.O., S. 23ff.
45 Vgl. Maren Fischer-Epe: Coaching: Miteinander Ziele erreichen. Rowohlt Taschenbuch Verlag, Reinbek bei Hamburg, 2003, S. 93ff.
46 Vgl. Maren Fischer-Epe, a.a.O., S. 95ff.
47 Friedemann Schulz von Thun: Klarkommen mit sich selbst und anderen: Kommunikation und soziale Kompetenz, a.a.O. S. 33
48 Christian-Rainer Weisbach, a.a.O., S. 221

49 Friedemann Schulz von Thun: Klarkommen mit sich selbst und anderen: Kommunikation und soziale Kompetenz, a.a.O. S. 168
50 Marshall B. Rosenberg, a.a.O., S. 67
51 Friedemann Schulz von Thun: Klarkommen mit sich selbst und anderen: Kommunikation und soziale Kompetenz, a.a.O. S. 169
52 Vgl. Susanne Dölz: Sich durchsetzen. Haufe, Planegg bei München, 2003, S. 84
53 Wolfgang Rechtien: Angewandte Gruppendynamik. Beltz, Weinheim, 1992, S. 202
54 Christian-Rainer Weisbach, a.a.O., S. 328
55 Marshall B. Rosenberg, a.a.O., S. 81
56 Wolf Schneider: Deutsch für Profis. Gruner + Jahr, Hamburg, 1984, S. 143
57 Mechthild R. v. Scheurl-Defersdorf: Die Kraft der Sprache. InPäBS, Erlangen, 2004, S. 2
58 Vgl. ebd.
59 Friedemann Schulz von Thun, Miteinander reden 3, S. 181
60 Vgl. ebd., S. 183
61 Vgl. Karl Benien: Schwierige Gespräche führen. Rowohlt Taschenbuch Verlag, Reinbek bei Hamburg, 2003, S. 42f.
62 www.zitate.de
63 Vgl. NN: Darum sind wir so … arrogant. In: http://neon.stern.de
64 Jürgen Hesse/Hans Christian Schrader: Krieg im Büro, a.a.O., S. 37
65 Ebd.
66 Vgl. Meike Müller: Schlagfertig! Verbale Angriffe gekonnt abwehren. Mosaik bei Goldmann, München, 2003, S. 52ff.
67 Vgl. ebd., S. 70ff.
68 Vgl. ebd., S. 64ff.
69 Jürgen Hesse/Hans Christian Schrader: Krieg im Büro, a.a.O., S. 78
70 Vgl. Stefan Czypionka: Umgang mit schwierigen Partnern. Redline Wirtschaft bei Ueberreuter, Frankfurt/Wien, 2003, S. 62f.
71 Vgl. Jürgen Hesse/Hans Christian Schrader: Krieg im Büro, a.a.O., S. 83f.
72 Rolf Merkle: Lass Dir nicht alles gefallen. Pal, Mannheim, 2003, S. 106
73 Friedemann Schulz von Thun: Klarkommen mit sich selbst und anderen, a.a.O. S. 246
74 Vgl. Meike Müller: Killerphrasen … und wie Sie gekonnt kontern. Eichborn, Frankfurt a.M., 2003, S. 9f.
75 Vgl. ebd., S. 18ff.
76 Vgl. Barbara Berkhahn: Die etwas intelligentere Art, sich gegen dumme Sprüche zu wehren. Kösel-Verlag, München, 1998, S. 15

77 Brian Tracy, Verkaufs- und Motivationstrainer, in: www.zitate.de
78 Vgl. Meike Müller: Trainingsprogramm Schlüsselqualifikationen, a.a.O., S. 28f.
79 Vgl. ebd., S. 191ff.
80 Vgl. Katja Dyckhoff/Thomas Westerhausen: Stimme: Instrument des Erfolgs. Metropolitan Verlag, Berlin, 2005
81 NN: Entdecken Sie die Kraft des Atems! In: www.Lung.ch/ihregesundheit/atemuebungen/index.asp
82 Vgl. Katja Dyckhoff/Thomas Westerhausen, a.a.O., S. 28f.
83 Vgl. Matthias Kunert: Ha-ha-ha und ho-ho-ho – Training für das Zwerchfell. In: www.berlinonline.de
84 Paul Wilson: Das Buch der Ruhe. Gelassenheit am Arbeitsplatz. Wilhelm Heyne Verlag, 1998, S. 71
85 Joseph O'Connor/John Seymour, a.a.O., S. 131
86 Paul Wilson, a.a.O.
87 Vgl. Joseph O'Connor/John Seymour, a.a.O., S. 132

Lösungen zu den Übungen

Lösungen von Seite 70 f.:

1. Beispiel

1. Stufe: »*Mein Wagen ist seit drei Tagen in Ihrer Werkstatt.*«
2. Stufe: »*Ich bin wütend, weil mir versprochen wurde, dass ich am nächsten Tag das Auto habe. Als Stammkunde, der immerhin seit 20 Jahren zu Ihnen kommt, fühle ich mich sehr schlecht behandelt.*«
3. Stufe: »*Nun habe ich einen Außentermin, der sehr wichtig für mein Geschäft ist. Den kann ich nicht sausen lassen. Es geht um viel Geld und damit um meine Existenz.*«
4. Stufe: »*Ich erwarte von Ihnen, dass Sie sich etwas einfallen lassen. Entweder habe ich mein Auto heute bis 12 Uhr oder ich erwarte, dass Sie mir einen Leihwagen zur Verfügung stellen.*«

2. Beispiel

1. Stufe: »*Ich habe Sie gestern gebeten, die Unterlagen in die andere Abteilung zu bringen. Dort sind sie bis heute nicht angekommen.*«
2. Stufe: »*Ich bin sauer und enttäuscht. Ich habe das Gefühl, dass Sie mich nicht ernst nehmen und Ihnen die Arbeit auch nicht wichtig ist.*«
3. Stufe: »*Nun habe ich den Ärger mit den Kollegen der anderen Abteilung, die mir Unzuverlässigkeit unterstellen, und außerdem wurde dadurch das ganze Projekt verzögert.*«
4. Stufe: »*Ich erwarte von Ihnen, das Sie umgehend in die Abteilung gehen und sich entschuldigen und deutlich machen, dass ich Sie auf die Dringlichkeit hingewiesen hatte.*«

3. Beispiel

1. Stufe: »*Ich habe gehört, wie du dich gestern mit unseren Freunden unterhalten hast.*«
2. Stufe: »*Ich fühlte mich durch deine Worte bloßgestellt und lächerlich gemacht.*«
3. Stufe: »*Ich fürchte, dass jetzt alle über uns reden werden und mich nicht mehr ernst nehmen.*«
4. Stufe: »*Ich erwarte von dir eine Entschuldigung und das Versprechen, solche Dinge nicht mehr anderen zu erzählen.*«

Lösungen von S. 75 f.:

1a
2a
3b
4b
5a

Lösungsvorschläge für die Killerphrasenübung von S. 115 f.:

1) *»Die sollten wir uns nehmen.«* (Cool-down-Konter)
   Oder: *»Wie wäre es, wenn wir uns die für eine so wichtige Sache jetzt nehmen?«* (Rückfrage-Konter)

2) *»Geben Sie Ihrem Herzen einen Stoß. Es spricht so viel dafür …«* (Cool-down-Konter)
   Oder: *»Ganz Ihrer Meinung. Das wäre wirklich sehr schön.«* (Humor-Ironie-Konter)

3) *»Dann werden wir sie erstellen.«* (Cool-down-Konter)
   Oder: *»Welche Angaben brauchen Sie denn, um der Idee zustimmen zu können?«* (Rückfrage-Konter)

Literatur

Steve Andreas/Charles Faulkner (Hrsg.): Praxiskurs NLP. Junfermann Verlag, Paderborn, 2001

Richard Bandler/John Grinder: Neue Wege der Kurzzeit-Therapie. Junfermann Verlag, Paderborn, 2001

Karl Benien: Schwierige Gespräche führen. Rowohlt Taschenbuch Verlag, Reinbek bei Hamburg, 2003

Barbara Berkhahn: Die etwas intelligentere Art, sich gegen dumme Sprüche zu wehren. Kösel-Verlag, München, 1998

Vera F. Birkenbihl: Warum wir andere in die Pfanne hauen … und wie wir lernen können, dies zu vermeiden. Junfermann Verlag, Paderborn, 2003

Stefan Czypionka: Umgang mit schwierigen Partnern. Redline Wirtschaft bei Ueberreuter, Frankfurt/Wien, 2003

Susanne Dölz: Sich durchsetzen. Haufe, Planegg bei München, 2003

Katja Dyckhoff/Thomas Westerhausen: Stimme: Instrument des Erfolgs. Metropolitan Verlag, Berlin, 2005

Maren Fischer-Epe: Coaching: Miteinander Ziele erreichen. Rowohlt Taschenbuch Verlag, Reinbek bei Hamburg, 2003

Thomas A. Harris: Ich bin o.k. – Du bist o.k. Wie wir uns besser verstehen und unsere Einstellung zu anderen verändern können – Eine Einführung in die Transaktionsanalyse. Rowohlt Taschenbuch Verlag, Reinbek bei Hamburg, 1975

Hermann Hesse: Demian. Die Geschichte von Emil Sinclairs Jugend. Suhrkamp, Frankfurt, 1974

Jürgen Hesse/Hans Christian Schrader: Krieg im Büro. Konflikte am Arbeitsplatz und wie man sie löst. Eichborn, Frankfurt a.M., 1993

Jürgen Hesse/Hans Christian Schrader: Die Neurosen der Chefs. Die seelischen Kosten der Karriere. Eichborn, Frankfurt a.M., 1994

Christa Kössner/Ricardo Exinger: Machos, Tussis, Nervensägen im Job? Ennsthaler Verlag, Steyr, 2005

Udo Kreggenfeld: Direkt im Dialog. Professionelle Gesprächsführung im Unternehmen. managerSeminare, Bonn, 2002

Bobby Linkemer: Der professionelle Umgang mit schwierigen Menschen. mvg-Verlag, Landsberg am Lech, 2000

Michael Luther/Evelyne Maaß: NLP Spiele-Spectrum, Junfermann Verlag, Paderborn, 2001

Rolf Merkle: Lass Dir nicht alles gefallen. Pal, Mannheim, 2003
Evelyne Maaß/Karsten Ritschl: Teamgeist. Spiele und Übungen für die Teamentwicklung. Junfermann Verlag, Paderborn, 1997
Evelyne Maaß/Karsten Ritschl: Coaching mit NLP. Junfermann Verlag, Paderborn, 1997
Alexa Mohl: Der Zauberlehrling. Junfermann Verlag, Paderborn, 2003
Meike Müller: Der starke Auftritt. So überzeugen Sie in Ihrem Job. Eichborn, Frankfurt a.M., 2002
Meike Müller: Killerphrasen … und wie Sie gekonnt kontern. Eichborn, Frankfurt a.M., 2003
Meike Müller: Schlagfertig! Verbale Angriffe gekonnt abwehren. Mosaik bei Goldmann, München, 2003
Meike Müller: Trainingsprogramm Schlüsselqualifikationen. Die besten Übungen aus Karriere-Seminaren. Eichborn, Frankfurt a.M., 2003
Joseph O'Connor/John Seymour: Neurolinguistisches Programmieren: Gelungene Kommunikation und persönliche Entfaltung. VAL, Kirchzarten bei Freiburg, 2004
Simone Pöhlmann/Angela Roethe: Die Streitschule. Junfermann Verlag, Paderborn, 2004
Wolfgang Rechtien: Angewandte Gruppendynamik, Weinheim, 1992
Marshall B. Rosenberg: Gewaltfreie Kommunikation. Aufrichtig und einfühlsam miteinander sprechen. Junfermann Verlag, Paderborn, 2003
Martina Schmidt-Tanger: Veränderungs-Coaching. Junfermann Verlag, Paderborn, 1999
Wolf Schneider: Deutsch für Profis. Gruner + Jahr, Hamburg 1984
Mechthild R. v. Scheurl-Defersdorf: Die Kraft der Sprache. InPäBS, Erlangen, 2004
Friedemann Schulz von Thun, Miteinander reden 1,2,3. Rowohlt Taschenbuch Verlag, Reinbek bei Hamburg, 1999
Friedemann Schulz von Thun: Klarkommen mit sich selbst und anderen: Kommunikation und soziale Kompetenz. Rowohlt Taschenbuch Verlag, Reinbek bei Hamburg, 2004
Jochen Sommer: NLP for Business. Gabal, Offenbach, 2003
Waltraud Trageser/Marco von Münchhausen: Die NLP-Kartei – Practitioner-Set. Junfermann Verlag, Paderborn, 2000
Christian-Rainer Weisbach: Professionelle Gesprächsführung. dtv, München, 2001
Thomas Wieke: Umgang mit Kollegen. Eichborn, Frankfurt a.M., 2000
Paul Wilson: Das Buch der Ruhe. Gelassenheit am Arbeitsplatz. Wilhelm Heyne Verlag, 1998

Journalist 11/2004, S. 41
Süddeutsche Zeitung, 27.07.2005,
Der Tagesspiegel, 19.06.2005,

www.wikipedia.org
www.zeitzuleben.de
www.zeus.zeit.de
http://neon.stern.de
www.zitate.de.
www.lung.ch/ihre gesundheit/atemuebungen/index.asp
www.berlinonline.de

Meike Müller arbeitet als Coach und Trainerin.
Sie bietet Inhouseseminare zu folgenden Themen an:

- Auftrittscoaching
- Medientraining
- Rhetorik
- Präsentation
- Umgang mit schwierigen Menschen
- Smalltalk
- Schlagfertigkeit
- Selbstbehauptung

Wenn Sie sich dafür interessieren, können Sie sich an folgende Adresse wenden:

Meike Müller
Kurfürstenstraße 24/25
10785 Berlin
Tel.: 030/26550068
Fax: 030/25464487
E-Mail: meike.mueller@quarta-netzwerk.de
www.quarta-netzwerk.de

Der Job-Knigge für die Westentasche

Petra Begemann
Der kleine Business-Knigge
120 Seiten · broschiert
€ 8,95 (D) · sFr 16,50 · € 9,20 (A)
ISBN 3-8218-3890-6

Ein wichtige, aber häufig unterschätzte Voraussetzung für den Berufserfolg ist der richtige Umgang mit Geschäftspartnern, Vorgesetzten und Kollegen. Der kleine Business-Knigge zeigt kompakt und kompetent, wie man jede Situation in den Griff bekommt und durch professionelles Auftreten andere von sich überzeugt. Mit vielen Beispielen und Praxistipps zu den geschriebenen und ungeschriebenen Gesetzen im Beruf:

- überzeugendes Image, Outfit und Auftreten
- der richtige Umgang mit Kollegen und Chefs
- gekonnte Kommunikation im Job
- die klassischen Benimmregeln
- Crashkurs Geschäftsessen

Eichborn
Kaiserstraße 66
60329 Frankfurt/Main
Tel. 069/25 50 03-0
Fax 069/25 60 03-30
www.eichborn.de

Wir schicken Ihnen gern ein Verlagsverzeichnis.

So plaudern Sie sich nach oben!

Hesse/Schrader
Small Talk
160 Seiten · broschiert
€ 12,90 (D) · sFr 24,– · € 13,30 (A)
ISBN 3-8218-3813-2

Locker leicht und zudem wirkungsvoll zu kommunizieren will gelernt sein. Denn auch beim Small Talk gilt es, bestimmte Regeln zu beachten und Fettnäpfchen zu umgehen. Wem es gelingt, auf angenehm ungezwungene Weise Kontakte herzustellen, eine gute Atmosphäre zu schaffen und sich seinen Gesprächspartnern sympathisch und souverän zu präsentieren, der hat schon halb gewonnen.

Jürgen Hesse und Hans Christian Schrader, die Bewerbungsprofis aus dem Büro für Berufsstrategie, zeigen Ihnen, worauf es ankommt:

- Strategien, um zu unterschiedlichen Gelegenheiten miteinander ins Gespräch zu kommen
- lockeres Plaudern mit Vorgesetzten und Kollegen, Geschäftspartnern und Kunden
- Themen, die man ansprechen kann, und Themen, die man tunlichst vermeidet
- wie man sich selbst ins rechte Licht rückt und das Vertrauen des Anderen gewinnt
- Körpersprache und Outfit – die Macht des ersten Eindrucks
- Aufbau und Pflege sozialer Netzwerke

Eichborn
Kaiserstraße 66
60329 Frankfurt/Main
Tel. 069/25 50 03-0
Fax 069/25 60 03-30
www.eichborn.de